“食”话实说

谣言止于智者

赵力超 主编

·广州·

图书在版编目（CIP）数据

“食”话实说：谣言止于智者 / 赵力超主编. —广州：华南理工大学出版社，2019.5
ISBN 978-7-5623-5906-7

Ⅰ. ①食… Ⅱ. ①赵… Ⅲ. ①食品安全-普及读物 Ⅳ.①TS201.6-49

中国版本图书馆CIP数据核字（2019）第058009号

“Shi” hua-Shishuo——Yaoyan Zhiyu Zhizhe
“食”话实说——谣言止于智者

赵力超 主编

出 版 人：卢家明
出版发行：华南理工大学出版社
（广州五山华南理工大学17号楼，邮编510640）
http://www.scutpress.com.cn E-mail: scutc13@scut.edu.cn
营销部电话：020-87113487 87111048（传真）
策划编辑：吴兆强
责任编辑：吴兆强
印 刷 者：虎彩印艺股份有限公司
开 本：787mm×960mm 1/16 印张：14 字数：235千
版 次：2019年5月第1版 2019年5月第1次印刷
定 价：40.00元

编委会

1951年，美国学者彼德逊（Peterson W）和盖斯特（Gist N）在《谣言与舆论》（*Rumor and Public Opinion*）一文中给谣言作了定义：“谣言是一种在人们之间私下流传的，对公众感兴趣的事物、事件或问题未经证实的阐述或诠释。”这是个广义的定义，甚至偏中性，把谣言等同于缺乏事实依据的信息流言。而事实上，随着互联网的快速发展，谣言已具有了工具属性，明确带有以损害他人权利的方式来满足自身的利益，或者是金钱权力，或者是名誉地位，或者仅仅是某种发泄。所以，现在的谣言特指一种有充分证据证明与事实不符，而且是有人出于主观上的恶意，故意四处散播，并在客观上广泛传播的假消息。

“几乎每一次社会不安现象的出现，都有谣言的鼓动和伴随。”网络技术的迅速崛起为谣言的滋长提供了肥沃的土壤，谣言已不再局限于特定人群、特定时空、特定范围传播，对社会稳定产生了巨大的威胁。在众多谣言中，食品类谣言竟占45%（2018中国食品辟谣论坛数据），造谣方式花样百出，涉及从农田到餐桌的各个过程。

食品谣言的频出，不仅会引起消费者的恐慌、愤怒，从而影响社会稳定，同时也是对消费者知情权和选择权最大的侵害。孩子看到六个翅膀的鸡的照片后害怕地问我：“爸爸，某某炸鸡真的是六个翅膀吗？”食品谣言让我们的孩子从小活在“伪科学知识”的环境中，可能会一直影响他们不敢去选择那些其实很安全的食品，同时也给他们对社会的认知带来巨大的负面影响。

食品谣言也给厂家造成了不小的损失。《法制晚报》曾报道：塑料紫菜谣言的出现对紫菜市场产生了很大冲击，导致经销商恐慌，不敢订货，造成紫菜产品滞销，已有多家经销商致电要求退货；消费者打来电话质问，更有不法分子借机打电话进行敲诈勒索。娃哈哈集团董事长宗庆后曾坦言，网络谣言的肆虐让娃哈哈深受其害，他表示："有人炮制所谓的'科学实验'，称营养快线产品烘干形成凝胶能当避孕套。"而事实上这完全是正常的蛋白质凝结现象，我们日常生活中牛奶煮沸冷却后表面形成一层薄膜也是这个道理。金龙鱼曾为反击谣言带来的危害斥资1000万元追查谣言制造与传播者，并斥资3000万元成立反击网络黑公关专项基金，与行内企业联手打响网络自卫反击战。由此可见，谣言给厂家、商家带来的影响远远不止销量下滑那么简单。

那为什么要造谣呢？造谣者的动机是什么呢？简单来说，造谣者无非为了名和利。例如以广告营销为目的的微信公众号，用极具吸引力的标题，加上各种夸张的、匪夷所思的内容来博眼球，引诱用户关注，从而赚取广告费。还有以自我推广为目的的个人微博，为博眼球引起关注，粉丝多了，就能从中获取利益。

除了造谣者，传谣者则是谣言的发酵罐，而传谣者大部分也是信谣者。有些谣言非常明显、非常低级，甚至光看标题就知道是假的，为什么还是有很多人相信呢？相信"人造鸡蛋"的不光有大爷大妈，甚至一些高学历的知识分子也深信不疑，这已经不能用学历高低或者信息不对称来解释了。更深的原因来源于"随大流"，也就是"羊群效应"中个体智商的削弱。例如，你在刷朋友圈的时候，看到一个朋友转一则大量养殖"六翅鸡"的照片，第一次可能会不以为然，半信半疑；若刚刷没两下，又看到一个朋友也转了，紧接着，第三个第四个第五个……也许到第十个，而且还是个食品专业的朋友转发后，你也坚持不了自己的观点了，干脆也转发了。这就是一个人被群体引导使得自我意识变模糊，然后智力和判断力下降的典型例子。

如果想让群体相信一件事，则套路必须简单，不可能借助智力和推理，绝对不能用论证的方式，而是越简单越好。这些套路无外乎“凭空杜撰”“夸大其词”“剪切拼凑”“以偏概全”和“记忆偏差”五大类。只要破解这些套路，读者就会融会贯通，从此对这类谣言“免疫”。本书将从六个主题入手，精心选择66个生活中常见的谣言进行深度剖析和解答，并对不同类型的谣言从套路上进行总结，不仅能够帮助读者加深对谣言的认识，还能提高自身辨别谣言的能力。这六个主题分别是：为“癌”背了黑锅，吃“我”不会生病、吃“我”不会危害健康，食品并不是药，揭秘伪养生食品，真的“假”不了和正确认识食品添加剂。

看完本书，你会发现遮盖真相的黑纱会被层层剥开，你的智商也会从“羊群”水平回归正常。“谣言止于智者”，让我们在认清谣言真面目之时增长知识，成为终止谣言的“智者”。

接下来，让我们一起揭露谣言吧。

赵力超

2018年8月1日

Contents

目录

01 第一部分 为“癌”背了黑锅

02 第二部分 吃“我”不会生病，吃“我”不会危害健康

03 第三部分 食物并不是药

04

第四部分 揭秘伪养生食品

第五部分 真的“假”不了

第六部分
正确认识食品添加剂

结语

致谢

01

第一部分

为“癌”背了黑锅

近年来，癌症发病率逐年上升，已成为威胁人类的第一大杀手，以致人们闻“癌”丧胆、谈“癌”色变。也正因如此，给了别有用心的造谣者拿“癌”大肆造谣的机会。一篇篇“这种食物致癌”“那样做饭会致癌”“两种食物一起吃也致癌”等文章被炮制出来，搞得人心惶惶。

为了让大家不要错过美食，安心吃喝，本部分重点粉碎“食物致癌”的种种谣言，还“致癌”食物一个本来面目。在这一部分，我们选取13个案例，按照“夸大其词”和“凭空杜撰”两种谣言套路为大家进行辟谣。

一 香椿就是春天的味道，千万别因“致癌”谣言错过它

谣言

俗话说，“三月八，吃椿芽”。南方三月的雨季前，正是吃香椿最好的时期。香椿搭配上鸡蛋，也让人们感受到那种难以言表的春天味道。但是有不少朋友听闻香椿中含有亚硝酸盐，认为香椿具有致癌性。

【谣言来源】

www.360doc.com/content/17/0303/19/14253823_633713172.shtml

千万人在用的知识管理与分享平台

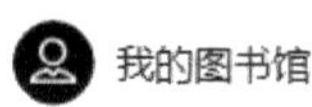

香椿吃不对，会带来致癌的风险

2017-03-03 ——学习 来源 阅 6213 转 2　　分享：微信 转藏到我的图书馆

香椿是一种春季食用的野菜，很多人都喜欢食用香椿，不仅美味而且对身体很有好处。中国人食用香椿久已成习，汉代就遍布大江南北。椿芽营养丰富，并具有食疗作用，主治外感风寒、风湿痹痛、胃痛、痢疾等。但是如果只知道香椿美味而不会吃，那今天小编告诉你，这东西吃不对，分分钟可致癌。

辟谣

“香椿致癌”是典型的夸大其词的谣言。虽然香椿含有的亚硝酸盐比其他水果蔬菜略微多一点，但却不足以致癌，我们还是可以正常食用香椿的。另外，香椿当中的维生素C含量比较高，可以抑制硝酸类盐的危害。所以，完全没有必要担心吃香椿可能带来的致癌风险。

香椿不仅美味，且有营养

香椿，别名椿芽等，它是多年生落叶乔木的嫩芽，是楝科楝属中以嫩茎叶供食的栽培种，素有“树上青菜”之称。早在汉朝，香椿，曾与荔枝一起作为南北两大贡品，深受皇上及宫廷贵人的喜爱。

据实验测定，每100g鲜嫩香椿芽叶中含蛋白质9.8g，脂肪0.8g，糖类7.2g，粗纤维2.78g，维生素方面主要以B族维生素、维生素C（每100g含有56mg）的含量居多。在矿物质方面，钙、磷、钾的含量居多。香椿含有多种人体必需的氨基酸，其中谷氨酸和天冬氨酸含量最高。

除此之外，香椿当中还含有如黄酮、皂苷、萜类、黄烷醇衍生物等生物活性成分，也使得香椿具有一定的医疗保健作用。但这里要提醒大家，某种食物有活性成分，不一定吃这种食物就有这种功效，还要看含量有多少。

既然营养这么全面，为什么还会有致癌的说法呢？

食用香椿会致癌？无须担心

不少朋友在讨论某种食物是否会致癌的时候，都会存在一个误区：食物里面有亚硝酸盐就会致癌!

不可否认的是，亚硝酸盐在人体内代谢过程中确实会产生一些致癌的亚硝胺类物质。但是，请注意！仅仅依靠亚硝酸盐的存在就对其定性的话实在是不可取。因为硝酸盐和亚硝酸盐广泛存在于自然界的土壤及水中，还有一些亚硝酸盐是植物在生长过程当中通过吸收土壤中的氮元素转化而成的，如甜菜、菠菜、芹菜等。许多蔬菜在生长过程中多多少少会积累一定量的硝酸盐和亚硝酸盐，硝酸盐并不是香椿独有的。

香椿在整个生长周期中亚硝酸盐的含量变化为1.475～2.778μg。一般新鲜蔬菜当中的亚硝酸盐含量均低于1.268μg，看起来香椿的亚硝酸盐含量比一般蔬菜多。不过，世界卫生组织和联合国粮农组织规定亚硝酸盐每日摄入的允许量为0.13mg/kg[①]。简单来说，一个60kg的成年人每天允许摄入的亚硝酸盐的含量为7.8mg，换算过来，要达到"中毒"，他得吃3kg的香椿。每天吃这么多香椿，怕是要被撑死了……

除此之外，香椿当中的维生素C含量也是比较高的。有研究已经发现，维生素C无论在体内还是体外都是N-亚硝基化合物形成很好的阻断剂，且维生素C与亚硝酸盐的摩尔比为2:1时，阻断率为100%。虽然没有明确的报道，香椿中所含的维生素C就能阻断N-亚硝基化合物的形成（事实这个实验也很难实现）。这个阻断剂的结论是靠谱的，如果还是担心，可以多吃点维生素C含量高的物质。

因此，说食用香椿会致癌是不正确的，是夸大其词的说法。虽然香椿当中的亚硝酸盐含量会比一般的蔬菜稍高，但是也还是能正常食用的。

如果很想吃香椿，又担心摄入其中的亚硝酸盐和硝酸盐，那么可以在烹饪时将其放到沸水中氽烫1min，不仅可以除去2/3以上的亚硝酸盐和硝酸盐，还能更好地保存香椿的绿色，吃起来有春意盎然的感觉。

另外，在选购香椿时要选新鲜的、叶子为绿色的香椿，尽量不要买叶子发黄的，因为发黄的叶子中的亚硝酸盐含量比嫩芽的要高。

① 这里kg代表人体重量，是体重的摄入量，下同。

谣言拓展

这类谣言的“主角”多是各种蔬菜，如荠菜、芹菜等。它们都有一个共同的特点：含有亚硝酸盐。许多蔬菜在生长过程中不可避免地都会产生或多或少的亚硝酸盐，但亚硝酸盐的含量同样不足以致癌，我们还是可以正常食用的。

 蕨菜致癌，但我们有应对策略

谣言

蕨菜，有着“长寿菜”的美誉。每年的春天，就是食用蕨菜的季节，小炒蕨菜或者做成一道凉拌，都深受大家欢迎。但是，一则食用蕨菜致癌的消息在微信朋友圈中广为流传，让很多人不敢再吃蕨菜了。这则网帖称：蕨菜不仅不能抗癌，反而含有强致癌物，即使煮熟之后，也是100% 致癌。

【谣言来源】

news.99.com.cn/rdjj/717240.htm

99健康网首页 医院查询 医院专题 网站导航

这个菜百分之百致癌 蕨菜为何会致癌

热门文章排行榜 >> 2017-11-21 09:05 来源：99健康网

快速咨询医生 免费咨询专家 治疗妇科病 治疗早泄 月经不调 妇科炎症

儿童腹泻 男性肾虚 免费咨询 性病皮肤病 急性胃炎 前列腺治疗

导语 最近这个菜百分之百致癌的消息刷爆了朋友圈，据悉这个菜指的就是蕨菜。那么你知道蕨菜为何会致癌呢？生活中还有哪些致癌物呢？

辟谣

“蕨菜致癌”同样也是夸大其词的谣言。蕨菜的确具有致癌性，但不代表吃了蕨菜立刻得癌症进医院，而是指提高癌症的发病风险。而正确的加工

方式是可以降低蕨菜的致癌风险的。但是建议大家还是尽量少吃蕨菜和蕨菜类食品为好。

蕨菜有致癌性吗?

早在20世纪40年代，在很多蕨类大量生长的地区出现了家畜因食用蕨类而造成急慢性中毒的报道。在随后的研究中发现，在蕨菜长期喂养的不同种试验动物如小鼠、豚鼠、蟾蜍和大鼠中均能产生多种肿瘤，并由此认定蕨菜的致癌性。

1983年，日本科学家（名古屋大学山田静之学者）发现蕨菜中的主要致癌物质是一种被称为原蕨苷（Ptaquiloside，又称为欧蕨伊鲁苷）的化合物。该物质在体内外的研究均表明与肿瘤的发生直接相关。

而流行病学研究也证明人群在蕨类生长密集的地区的居住时间与患胃癌死亡的风险呈正相关。意思是，长期吃蕨菜会导致患胃癌死亡。

目前，原蕨苷被世界癌症组织评级为2B类致癌物[①]，原蕨苷在蕨类植物的嫩芽中含量最高，而人们最喜欢吃嫩芽。

食用蕨菜后就会得癌病

和2B致癌物的定义一样，蕨菜致癌的证据并不是太高，有动物实验、有流行病学的研究，但并不意味着吃了蕨菜就一定会得癌症。

类似说法的食物很多，吃红肉、腌菜、咸鱼、熏制品等，都会提高癌症的发病率。吃得越多，食用频率越高，患癌症获得的几率也就越高。

同时，食物的作用和身体状况有关，对于不同的人，食物致癌的影响也不相同。

① 详细介绍请查阅本案例辅助阅读“致癌物分级系统”。

到目前为止，蕨菜的致癌性并没有一个明确的“安全剂量”，科学家也不能给出一个明确的答案。因此，对于大众来说，偶尔吃了一顿蕨菜，不用恐慌，不用急着去看医生。

因此，说食用了蕨菜就会得癌症的说法是夸大其词的，蕨菜虽然具有致癌性，但并不意味着吃了蕨菜就一定会得癌症，偶尔吃一顿是无需担心的。但如果天天吃、顿顿吃，就要注意，患癌的风险会大大上升。因此，建议还是少吃蕨菜和蕨菜类食品为好，可以替代蕨菜的蔬菜水果有很多。如果要吃，也要尽量控制食量，浅尝即止。

但当人们实在想吃蕨菜的时候，也可以通过使用正确的加工方式来降低吃蕨菜致癌的风险。有研究表明，蕨根里面的致癌物质是水溶性的。也就是说，如果多次水洗，可以将大部分的致癌物质冲洗掉。比如，蕨的嫩叶部位经过浸泡漂焯、蒸煮煎炸后，原蕨苷的含量会大大减少，至少会减少一半。这样吃蕨菜，既能降低患癌症的风险，又能满足吃蕨菜的口福，也是不错的选择。

谣言拓展

类似说法的食物很多，腌菜、咸鱼、熏制品等，它们都含有致癌物质，但不代表吃了马上就会得癌症。偶尔吃一顿是无需担心的，但如果吃得多，食用频率高，患癌症的概率也就变得高。

偶尔食用泡菜、酸菜、腊肠，会得癌症吗？经常吃又会怎么样呢？

【辅助阅读】致癌物分级系统

IARC 全称是“国际癌症研究中心”，是世界卫生组织下属的一个研究机构。它提供了一个癌症的分级系统，这个系统在全世界被广泛采用（但不是唯一的一个）。它把致癌物分成 5 类：

致癌物分类	致癌性	定　义	致癌物
1类致癌物	致癌	已经确定对人类有致癌作用的物质	烟草、酒精饮料、黄曲霉素、槟榔、中式咸鱼、砒霜等
2A类致癌物	很可能致癌	在动物实验中已经有充分的致癌证据，但对人体作用尚不明确，理论上对人体有致癌作用的那些物质	丙烯酰胺、无机铅化合物等
2B类致癌物	可能致癌	动物实验的致癌证据就不是很充分，人体实验证据更有限的那些物质	氯仿、敌敌畏、柴油燃料、镍金属、原蕨苷等
3类致癌物	不确定（一般认为不致癌的物质）	对人体致癌性尚未归类的物质，或者虽然对某些动物有致癌作用，但已经证明对人体没有同样致癌作用的物质	苯胺、胆固醇、咖啡因、糖精及其盐、三聚氰胺等
4类致癌物	很可能不致癌	没有充分证据证明致癌的物质	己内酰胺

三　炒西葫芦排在了致癌首位？

谣言

西葫芦皮薄肉厚水分多，荤素搭配都非常适宜，是深受老百姓喜爱的一种蔬菜，炒西葫芦更是一道家常菜。但是，网上却流传着"炒西葫芦致癌"，而且还居致癌首位。

【谣言来源】

food.39.net/a/141110/4512225.html

39健康网首页 39问医生 名医在线 就医助手 药品通 疾病百科 资讯 诊疗 药品 减肥 整形

39饮食 首页 > 饮食 > 营养指南 > 蔬菜 > 正文

炒蔬菜为什么也会致癌？炒西葫芦最致癌

< 饮食热文排行榜 2014-11-10 凤凰健康 分享到

炒西葫芦排致癌首位

香港食物安全中心发布的研究报告称，该中心于2010年至2011年间，共收集了133种食物样本，包括肉类、蔬菜、豆类及麦制品等。结果发现样本中47%的食物含有可能令人致癌的丙烯酰胺，其中，零食类所含最高，平均达到每公斤680微克，其次是蔬菜及其制品，平均每公斤含53微克。

该中心又将22种蔬菜样本送到实验室，将它们分别用1200瓦和1600瓦电力的电磁炉不加食油干炒，时间为3分钟和6分钟。结果发现炒菜时间越长、温度越高，蔬菜释放出的丙烯酰胺就越多，加入食用油炒和干炒的检测结果无异。

辟谣

食用炒西葫芦就会致癌的说法是夸大其词的。在炒西葫芦时的确会产生致癌物丙烯酰胺，丙烯酰胺是2A类致癌物①。但每天要吃500g以上的西葫芦，才会提高致癌风险。所以，不用担心吃炒西葫芦。

谣言“西葫芦致癌”的由来

大家都知道谣言都不是空穴来风的，总有那么一些原因才会让大家产生疑问！而“西葫芦能否致癌”这个问题并不是没有根据的。

这个问题的源头就是西葫芦经高温炒制会产生丙烯酰胺，具体的过程是天门冬酰胺这种氨基酸和还原糖如葡萄糖两种物质经过120℃以上高温炒制3min后，能发生美拉德反应②，从而形成丙烯酰胺。

丙烯酰胺正是一种具有神经毒性的潜在致癌物，目前已发现与摄入含有

① 详细介绍请查阅“二”辅助阅读“致癌物分级系统”。

② 详细介绍请查阅本篇辅助阅读“美拉德反应”。

丙烯酰胺食品有关的癌症部位包括：女性乳腺、子宫内膜、卵巢及男性前列腺、食道、胃、结肠、直肠、胰腺、膀胱、肾脏、口腔、喉、肺、脑、甲状腺等。也难怪大众对西葫芦能致癌这个问题这么关心，因为丙烯酰胺真的很毒啊！

食用了炒西葫芦并不一定会致癌

请大家牢记，不看剂量谈功效或者毒性都是浮云。从上面可知，西葫芦经高温会产生丙烯酰胺，那么产生的量是多少呢？

曾有实验发现，如果分别用1200W和1600W的电磁炉干炒和油炒500g西葫芦3min和6min，发现西葫芦经高温加热释放出来的丙烯酰胺达到了180μg，且干炒和油炒的结果无异。

而国际权威的《食品和化学毒物学》杂志指出，丙烯酰胺致癌作用的安全摄入量上限是每千克体重2.6μg，神经毒性的安全摄入量上限为每千克体重40μg。对体重70kg的人来说，能承受的安全摄入量为182μg，神经毒性的安全摄入量为2800μg，这两个数字分别相当于一天吃500g和7.75kg爆炒西葫芦。而且，这个安全摄入量不是指一超过就会得癌症，而是超过这个剂量会提高癌症的发病风险而已。

我们发现香港食物中心的实验中每500g西葫芦释放180μg丙烯酰胺，对一个体重为70kg的人来说丙烯酰胺的摄入量是处于安全范围之内的，但是对低于70kg体重的人来说是超过了安全摄入量的。但如果我们在烹制西葫芦的时候不选择炒，而是水煮，丙烯酰胺的量就大大减少了，可能只有50μg，即约为4%而已。这是因为水的温度最高也只有100℃，达不到120℃的高温，丙烯酰胺产生就没那么快，也没那么多。

因此，说食用了西葫芦后就会得癌症是夸大其词的说法。西葫芦在炒制过程中确实会产生丙烯酰胺，但并不代表只要一吃了炒西葫芦就会得癌症。

并且，每天吃500g以上的西葫芦，才会提高致癌风险。

同时，致癌风险与烹制方式相关，炒西葫芦产生的丙烯酰胺含量高，而水煮西葫芦产生的丙烯酰胺量并不高。如果实在害怕，在食用西葫芦时尽可能选择水煮的方式，这样既味美又安全！

谣言拓展

此类谣言主要以咖啡及其类似制品和早餐谷物（如油饼、面包）类食品等含有丙烯酰胺的食品为致癌噱头。这类食品都是经过高温制作而成的，而在高温炸制过程中某些物质发生了美拉德反应，最后都会产生丙烯酰胺。但是，丙烯酰胺的含量并不高，人们食用后并不一定会得癌症。

【辅助阅读】美拉德反应

美拉德反应又称羰氨反应，指含有氨基的化合物和含有羰基的化合物经缩合、聚合而生成类黑精的反应。此反应最初是由法国化学家美拉德于1912年在将甘氨酸与葡萄糖混合共热时发现的，故称为美拉德反应。由于产物是棕色的，也被称为褐变反应。反应物中羰基化合物包括醛、酮、还原糖，氨基化合物包括氨基酸、蛋白质、胺、肽。反应的结果使食品颜色加深并赋予食品一定的风味，如面包外皮的金黄色、红烧肉的褐色以及它们浓郁的香味。

四　反复解冻的冰箱肉会致癌？

谣言

你是否遇到过趁超市大减价，买了一大块肉，一次吃不完，就重新冻回冰箱的情况？又或者解冻了一块肉，突然又不想做饭了，再冻回冰箱的情况？没想到几次后再吃这块反复冰冻的肉，却出现了腹痛、恶心、呕吐等症状。上网一查，竟然有人说：反复解冻的冰箱肉会致癌！

【谣言来源】

www.techweb.com.cn/ihealth/2015-11-04/2221530.shtml

首页 > 智能家庭 > 智能健康 >

肉类不宜反复解冻：解冻次数越多 致癌物质越多

2015.11.04 12:51:38　来源：网络　作者:网络

肉类不宜反复解冻：细菌飙升 居然会致癌！ 网上流传肉类反复冷冻解冻后，会加快肉类腐败变质，增加细菌含量的说法，目前得到了证实。央视记者在实验室，将从市场上买来的鲜肉，在五天中经过反复四次冷冻和解冻后，最后测得的结果，前后细菌飙升15倍，令人心惊。

辟谣

"反复解冻的冰箱肉会致癌"就是典型的夸大其词的谣言。不可否认，消费者在食入反复解冻的肉后出现不适，是因为反复解冻的行为造成肉中微生物的大量繁殖。这些微生物使人体出现腹痛、恶心、呕吐等症状，却不足以致癌。

反复解冻的肉确实有安全隐患，但不会致癌

肉类在屠宰和加工过程中会有病原微生物趁机潜伏在肉中。起初它们的数量很少，如果买回来立刻吃掉，它们还不至于让你不舒服。如果放入冰箱，它们也会被冻得无法繁殖，解冻后立刻吃掉也不会有什么问题。但是请注意，病原微生物冻住不代表杀死，尤其是特能抗冷的杀手——李斯特氏菌属，在冰箱冷冻室的低温环境下（为−20～−18℃），为了抵抗外界不利因素而进入活的非可培养状态（VBNC）来进行自我保护。相关研究表明，在此状态下微生物仍具有完整的细胞膜，适宜条件下就会复苏。

而反复解冻相当于给予病原微生物好几次复苏的机会，适宜的温度、大

量的水分和营养物质，肉便成了滋养细菌的温床。每一次解冻，都是病原微生物逐渐恢复活力不断繁殖的过程。在这个过程中，它们开始分解肉中的蛋白质、脂肪，产生大量对人体有害的产物，同时也开始分泌毒素。随着冷冻解冻的次数增加，曝光在有利于它们生长繁殖条件下的时间越长，累积的有害物质的量就越多。虽然确实有一些有害物质包括亚硝胺等致癌物的释放，但是并没有证据表明致癌物的量达到了能致癌的标准。所以，反复解冻的肉致癌是夸大其词的说法，但肯定存在着一定的安全风险，而且口感不佳，劝各位还是尽量吃鲜肉。

但如果真的要节省时间和金钱，一次性买了太多冻肉，吃不完咋办？您可以将大份肉切成每次可以食用完的小份单独冻藏保存。下次吃多少解冻多少，这样就不用担心反复解冻造成微生物污染了。

谣言拓展

此类谣言的变种很多，鸡、鸭、猪、牛、羊肉是重灾区，鱼和虾等水产品反复解冻致癌的谣言也不少。水产品含水量高、可溶性蛋白质多，富含的不饱和脂肪酸、天然免疫物质少，反复解冻更加适宜细菌生长，也就更容易腐败变质。但同样不会致癌，只会让您上吐下泻。

速冻水饺、速冻汤圆还有香甜诱人的冰激凌，反复冷冻解冻会致癌吗？

五 吃红肉致癌，吃白肉健康？

谣言

许多人都爱吃红肉食品，红烧牛肉、烤羊肉、爆炒猪肉等，每一种菜色都让人垂涎欲滴，胃口大开。而一则“吃红肉会致癌，吃白肉才会健康”的消息横空出世，迅速传播，使得许多人再也不敢吃红肉了，只选择白肉。

【谣言来源】

www.99.com.cn/zhongliu/azxz/668724.htm

99肿瘤科 99健康网 > 肿瘤科 > 癌症新知 > 正文

红肉和加工肉或致癌 日常应少吃

热门文章排行榜 >> 2016-12-23 13:59 来源：99健康网

辟谣

“红肉致癌”是夸大其词的谣言。IARC提出红肉是可能的致癌物，归于Ⅱa级（group 2）。这句话的实际意义是：有证据显示大量食用红肉有提高患癌症的风险，但是研究结论并未有肯定的因果关系，仅仅是怀疑。红肉对身体有好处，含有人体所需的各种营养素，控制好摄入量，完全不必恐慌。

究竟什么是白肉、红肉?

所谓的白肉、红肉，是为了分析不同颜色的肉对人类身体健康的影响而划分的。一种简单的划分方法：生肉颜色是红色，就属于“红肉”，生肉颜色比较浅，就是“白肉”；还可以按是否是哺乳动物简单划分，是的话就是“红肉”，不是的话就是“白肉”。

吃红肉是否致癌谁说了算?

世界卫生组织（WHO）下属的“国际癌症研究机构”（IARC）算是国际上的权威组织，该组织出具的结果是根据大量事实和数据得出的。在癌症问题上，他们的发言具有较强的权威性。

2016年，IARC提出“红肉是可能的致癌物，归于Ⅱa级（group 2）”。该提法好像给红肉判了刑，但实际上，该说法其实是很中立的说法。为什么这么说呢?

把“红肉”归类为2A类致癌物[①]，其实就是还没有确定红肉是否真的会

① 详细介绍请查阅“二”辅助阅读“致癌物分级系统”。

导致癌症。IARC组建了针对红肉和加工肉类致癌作用的专家工作组，有来自10个国家的22位专家。专家工作组综合了800多项研究人类癌症的报告，其中针对红肉与癌症的流行病学研究700多个，针对加工肉类致癌的流行病学研究400多个（有一些研究同时针对红肉和加工肉类）。最具影响力的证据来自近20年的研究。这些研究对于红肉能否真的致癌没有统一的结论，部分研究推测“吃红肉的人得某些疾病的危险性高，是因为红肉含有的饱和脂肪酸多”。

不用过于担心红肉致癌

我们还要拒绝吃红肉吗？实际上红肉含有比较高的矿物质和丰富的维生素，比如提供铁和维生素B12等，正符合人体需求，适量食用对我们的健康是有益处的，并不会致癌。但大量食用红肉，则会提高心脏病、糖尿病和其他疾病的死亡几率，现在又有增加致癌风险的考量。

而白肉的益处在于，脂肪含量比较低，蛋白质含量比较高，并且含有较多的不饱和脂肪酸，深海鱼类中富含EPA和DHA，对预防血脂异常和心脑血管疾病有一定作用。

所以，“红肉致癌”是夸大其词的说法，适量食用红肉是有益于健康的，但过量食用的话，还是存在一定的风险。因此，建议大家还是少吃红肉，多吃白肉。但是任何食物过量都是不利于健康的，适量吃才是合理的。中国营养协会推荐成年人每天吃动物性食物的量：鱼虾类白肉50～100g，畜禽类红肉50～75g。美国癌症研讨协会也没有完全排斥红肉，他们提出的建议是猪肉、牛肉、羊肉等红肉的食用量为每周500g左右。

六 反复烧开的水到底能不能喝？

谣言

当许多人想要喝热水的时候，为了节约用水，都会选择将没喝完的水再一次烧开，继续饮用。但是，一则消息说：反复烧开的水会产生亚硝酸盐，饮用这些反复烧开的水会致癌！

【谣言来源】

反复烧开的水进入致癌“黑名单”

时间：2016-08-31

水是人类赖以生存的、不可缺少的重要物质，人可一日无食，不可一日无水，但是并非所有的水都可以饮用。因反复烧开的水含有亚硝酸盐，已被上海市疾病预防控制中心列入10种致癌食品之一。

辟谣

“饮用反复烧开的水会致癌”是夸大其词的谣言。水中的亚硝酸盐含量虽然会随着烧开的次数和放置时间的延长而增加，但其含量均在国家标准的限值之下，正常饮用并不会致癌，也不会造成中毒或死亡。

反复烧开的水会产生亚硝酸盐吗?

亚硝酸盐在工业、建筑业中广为使用，肉类制品中也允许作为发色剂、防腐剂限量使用。但该类化合物具有强烈的致癌能力，虽然目前科学家对它的致癌机理尚不完全明确，但动物实验证明，其确实能明显诱发各种癌症，其中致癌能力最强的二乙基亚硝胺，平均诱癌剂量为0.6mg/kg，能诱发包括肝脏、肾脏及膀胱等部位的癌症。联合国粮农组织和世界卫生组织联合食品添加剂专家委员会（JECFA）规定，亚硝酸盐的每日允许摄入量为0.07mg/kg，即一个60kg的人每天允许摄入亚硝酸盐的量为4.2mg。

反复烧开的水里确实会产生亚硝酸盐，一般是由水中原有的硝酸盐转化而来的。一般来说，合格的饮用水中硝酸盐含量是很低的，国家标准《生活饮用水卫生标准》（GB 5749—2006）中规定，饮用水中硝酸盐（以氮计）的限值为10mg/L，地下水源限制为20mg/L。供水部门的日常监控显示，水厂的出厂水中亚硝酸盐含量一般低于0.05mg/L，最高一般不超过0.1mg/L，而城市网管水中的亚硝酸盐含量一般为0.4～0.6mg/L。

在饮用水反复烧开后，由于高温缺氧，部分硝酸盐转化为亚硝酸盐。另外，由于水的蒸发，也会导致亚硝酸盐浓度增高。那么烧水次数和放置时间对亚硝酸盐含量影响真的会致癌吗？

烧水次数多会使亚硝酸盐含量增高而致癌吗？

让我们用数据来证明烧开次数对亚硝酸盐的含量影响。我们分为桶装水和自来水两种方式进行比较。

桶装水加热达到52次以后水中亚硝酸盐的含量仅为0.0023mg/L，小于《瓶（桶）装饮用水卫生标准》（GB 19298—2003）中对亚硝酸盐的浓度规定为0.005mg/L，可见桶装饮用水亚硝酸含量虽然会随着饮水机反复加热次数的增多而升高，但依然低于国家标准（见下表）。

反复加热后桶装水中亚硝酸盐的含量

加热次数	热水中亚硝酸盐浓度 /（$cfu \cdot mL^{-1}$）	加热次数	热水中亚硝酸盐浓度 /（$cfu \cdot mL^{-1}$）
0	0.00000±0.00000	6	0.00110±0.00018
1	0.00000±0.00000	7	0.00120±0.00031
2	0.00058±0.00000	8	0.00140±0.00017
3	0.00058±0.00000	10	0.00180±0.00000
4	0.00059±0.00000	34	0.00180±0.00000
5	0.00099±0.00047	52	0.00230±0.00017

下表为自来水的加热次数对亚硝酸盐含量的影响。由表可知，随着煮沸次数的增加，水中亚硝酸盐含量增加，其中反复煮沸8次之后，每升水的亚

硝酸盐含量达到3.38μg，说明反复烧开的自来水中亚硝酸盐含量确实有所增加，但增加后并没有超过限值。

不同煮沸次数自来水中亚硝酸盐浓度（n=6）

煮沸次数	亚硝酸盐含量（均值）浓度$\bar{x}$/（μg/L）
自来水	未检出
煮沸1次	未检出
煮沸2次	1.370±0.179
煮沸4次	1.900±0.155
煮沸8次	3.380±0.000
模拟开水器煮沸1次	未检出
模拟开水器煮沸2次	未检出
模拟开水器煮沸4次	1.210±0.000
模拟开水器煮沸8次	3.610±0.155

可见无论是桶装水还是自来水，反复烧开后亚硝酸盐含量均会增加，但是均在正常限值之下，说明可以正常饮用，不会致癌。

水放置时间会影响亚硝酸盐含量而致癌吗?

无论是桶装水还是自来水，除了反复加热之外，还有一个会影响水中亚硝酸盐含量的因素，那就是放置时间。那放置时间长会不会使亚硝酸盐含量增加而造成中毒致癌呢？还是用数据说话（见下表）。

自来水煮沸后放置不同时间后的亚硝酸盐浓度（n=6）

煮沸后放置时间	亚硝酸盐浓度/（μg/L）
自来水	未检出
放置1h	未检出
放置2h	未检出
放置6h	1.530±0.023
放置24h	2.370±0.155
放置24h后煮沸1min	2.760±0.000

实验发现，自来水烧开1min，在放置24h后，每升水中的亚硝酸盐含量达到23.7μg，这可能是由于放置的过程中，水中微生物增多，产生更多的亚硝酸盐。放置24h后再次加热煮沸1min后，亚硝酸盐的含量再次升高，但是均在《食品安全国家标准 食品中污染物限量》（GB2762—2012）规定限量之下。

因此，“饮用反复烧开的水会致癌”是夸大其词的谣言，但考虑到微生物数量会随着水放置时间的增长而增加，最后还是建议大家，反复烧开的水如若放置时间较长，请不要饮用了。

七 某品牌矿泉水含铀，喝了会致癌？

谣言

人们外出活动时，渴了总会买瓶矿泉水来解解渴。也有不少人，喜欢把矿泉水当作日常饮用水。但近期，一份评测报告吸引了许多人的注意：某品牌矿泉水因为铀含量轻微超标，被降级！不少网友纷纷感叹：“惨了，该矿泉水含铀，喝了肯定会致癌的啊。”

【谣言来源】

不安全 https://www.sohu.com/a/117723909_457700

搜狐 新闻 体育 汽车 房产 旅游 教育 时尚 科技 财经 娱

狐 > 健康 > 正文

百岁山还不如农夫山泉？十一款矿泉水检测报告出炉

放心食客

94 文章 10万 总阅读

2016-10-31 16:36

可蓝、百岁山因“铀”降级

矿泉水中的铀含量源自于地下岩石，长期摄入铀会损伤肝脏和肾脏。

由于德国及欧盟都没有规定普通矿泉水中的限值，因此优恪以德国“矿泉水及饮用水条例”中规定的，供婴儿饮用的矿泉水中铀的限值2μg/L作为测评依据。

可蓝矿泉水因铀偏高（含量大于4μg/L）被降2级；百岁山饮用天然矿泉水因铀轻微偏高（含量介于2~4μg/L之间）被降1级。

辟谣

“某品牌矿泉水含铀，喝了会致癌”是夸大其词的谣言。铀会对肾脏造成损害，但是我们也不用过于恐慌，因为该矿泉水中的铀含量，远低于放射生物允许值，也就是说，即使喝了，对身体也无太大伤害。但是需要警惕，长时间饮用铀含量较高的矿泉水，可能会增加患癌的风险。

这份评测报告的依据是什么？

报告一出，该品牌企业第一时间回应：“产品符合国家标准，国家标准中没有对铀的规定要求，优恪恶意中伤企业、误导消费者”。

我国目前确实对铀的指标没有明确的规定。中国《饮用天然矿泉水标准》（GB8537—2008）中对于放射性元素的指标仅包括镭、总α放射线，铀不在矿泉水的标准当中。

德国及欧盟也都没有规定普通矿泉水中铀的限值，因此优恪以德国“矿泉水及饮用水条例”中规定的，供婴儿饮用的矿泉水中每升水的铀含量限值为2μg作为测评依据。该品牌的饮用矿泉水因铀含量介于2～4μg/L之间，高于供婴儿饮用的矿泉水的标准，随之被判定降1级。

什么是铀？

可能有很多人都不知道什么是铀。下面将为大家简单介绍：铀是一种稀有金属，它是在1789年由马丁·海因里希·克拉普罗特（Martin Heinrich Klaproth）发现的。铀总是以化合状态存在的，铀酰离子是铀化合物在体内最稳定的化学形式，而铀的化合物早期用于瓷器的着色，在核裂变现象被发现后用作为核燃料。

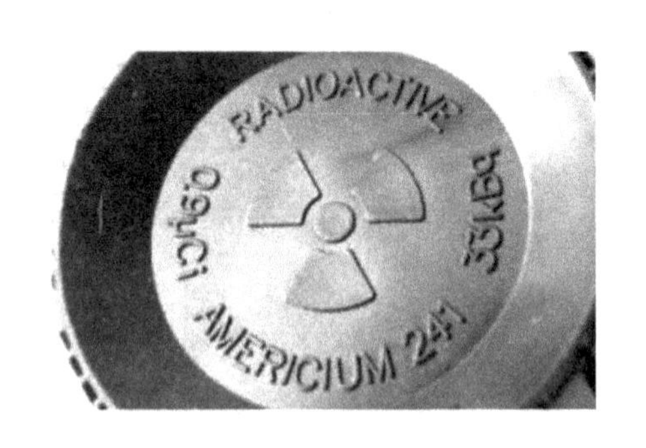

喝了含铀的矿泉水会致癌吗？

铀酰化合物对机体产生损伤作用的主要器官是肾脏。德国实验、临床药理和毒理协会认为，铀具有损伤肾的化学毒素及辐射生物作用。

动物实验表明，急性铀中毒在短时间内可对Wistar大鼠造成严重的肾脏损害，剂量越大，肾脏损害程度就越严重。与大剂量铀中毒相比，摄入小剂量铀造成的肾脏组织损伤的性质和部位与急性中毒相似，但程度要轻得多。

因此，消费者并不用过于担心，但是也不能放松警惕。

在对肾脏有损害的急性毒性试验中，研究者使用的剂量远远大于标准中2mg/L的限量，而且是采用直接老鼠腹腔注射的方式。而慢性毒性试验中，经口的灌胃剂量也是在40mg/L以上，灌胃18个月后，有一些细胞和组织发生病变。

至于究竟铀含量多大会对身体产生危害，目前还没有明确定论。该品牌矿泉水中的毒素远低于放射生物允许值，人们无需对此产生恐慌。

然而，美国疾病预防控制中心（CDC）和加拿大卫生部都曾谨慎地表示，任何来源，包括饮用水的铀水平的升高，可以增加肾损伤的风险。虽然铀不可能直接导致癌症，但长时间饮用含有铀的水，可能增加罹患癌症的风险。

【辅助阅读】评测机构靠谱吗?

优恪网目前是第三方独立测评机构，他们的检测流程是：国内调研选题，由德国同事负责在国内采购，把商品空运到德国，所有检测实验均由德国实验室完成，并且检测报告也是由优恪网的合作机构德国ÖKO-TEST完成的。所以在整个检测流程上，还是非常严谨和公正的。

健康风险是ÖKO-TEST关注的核心，并在这一领域引起广泛关注。例如，1986年在婴儿护肤品中检测出农药，1994年在婴儿食品中测出杀虫剂，2002年在虾中测出违禁抗生素氯霉素，2008年在玩具中测出违禁增塑剂与致癌染料，2014年在草本茶中测出除草剂。ÖKO-TEST已测试过的产品超过15万件，制造商因此发起的诉讼超过100宗，但ÖKO-TEST只输过一次。

辅助阅读【优恪评级标准是什么？】

卓越

优

良

中

差

警示

放心购买

一款产品如果在测评中没有缺陷，或仅在包装中含有污染环境的PVC塑料，可以获“卓越（A+）”评级。在总评为“优（A）”的产品中，不允许含有重大缺陷，如可能带来生命危险的问题或致癌成分等。因此，消费者可以放心购买“卓越（A+）”或“优（A）”的产品。

提醒注意

如果产品含有2-3个轻微缺陷，则可评为“良（B）”或“中（C）”。例如，面霜或洗发水等化妆品如果含有一种较强的致敏成分，将会被评为“良（B）”。

谨慎购买

原则上，不建议购买“差（D）”或“警示（D-）”的产品，这类产品要么有很多轻微缺陷，要么至少有一个重大缺陷（比如含可能致癌或明确的致癌成分），或者存在安全方面的缺陷（比如玩具中含有会被儿童吞咽而导致窒息的细小部件）。

优恪自称：不仅以“符合国标”来审视产品，而且由德国专家团队参考中国、欧盟、世界卫生组织的标准以及国际最新科研成果制定评级标准。而这个评级标准可能是高于中国以及欧盟的标准。

结论

因此，“某品牌矿泉水含铀，喝了会致癌”是夸大其词的。消费者不用过于担心，饮用了该矿泉水后对身体并无太大危害。因为该矿泉水的铀含量仅稍微超过国外的标准，且远低于放射生物允许值，即使喝了，也对身体无太大伤害。但是需要警惕，长时间饮用铀含量较高的矿泉水，可能会增加患癌的风险。

同时，虽然矿泉水是良好的矿物质微量元素的来源，但其中的微量矿物质并没有商家吹嘘的那样具有各种神奇疗效，而且其含量也并不一定比自来水高。劝各位消费者还是尽量选择自来水吧。

而作为生产者还是应该尽可能地降低矿泉水中有害物的含量。我国也应该尽快制定饮用水中铀含量的标准。

【辅助阅读】其他国家及世界卫生组织制定的饮用水铀含量的标准

国家	铀浓度标准	备　注
美国（食品药品监督管理局（FDA））	30μg/L	
加拿大	20μg/L	
德国	10μg/L	为了保护婴幼儿健康，德国将瓶装矿泉水中的铀含量最高值设定为2μg/L
世界卫生组织	15mg/L	

八 PC塑料杯装开水会诱发癌症?

谣言

很多人喜欢用太空杯等塑料制品水杯泡茶喝，但也有很多人称这种塑料杯都是由PC塑料制成的，而PC塑料中含有有毒的双酚A，当用这些塑料杯装开水时，会有有毒物质进入水中，人们喝了这种“毒水”后，会诱发癌症。所以不能用于盛装热水。

【谣言来源】

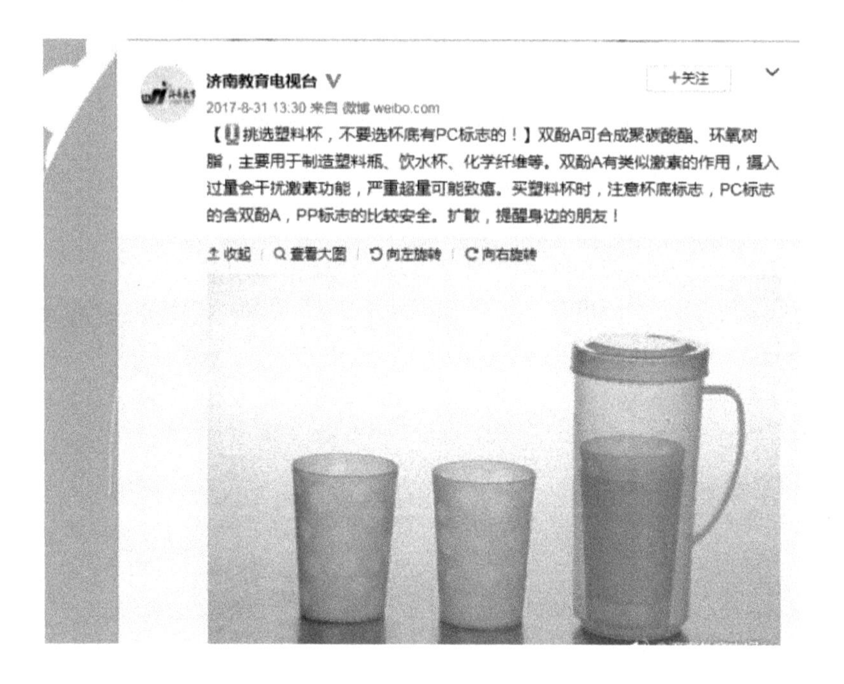

辟谣

"PC塑料杯装开水会诱发癌症"是夸大其词的谣言。PC塑料只是制作塑料制品的材料中的一种而已，并不是所有的PC塑料杯都会含有双酚A的。再者，目前还没有证据证明双酚A对人体有害。若容器中含有双酚A，在规定的使用温度上限以下使用是安全的，不会产生毒性，无需担心会致癌。

塑料的种类

相信大家都会发现塑料制品下的三角形标志。首先我们来了解一下常用塑料制品的标志与使用范围（见下表）。不同塑料材质的制品，使用上有很大的区别。

标志	塑料类别	使用注意事项
01 PET/PETE	PET/聚对苯二甲酸乙二醇酯	一般的矿泉水、碳酸饮料和功能饮料瓶，耐热至70℃易变形，使用10个月可能会释放致癌物

续上表

标志	塑料类别	使用注意事项
02 HDPE	HDPE/高密度聚乙烯	多作为盛装清洁用品、沐浴产品的容器；比较耐高温，但不易清洗，易滋生细菌，建议不要循环使用
03 PVC	PVC/聚氯乙烯	遇到高温和油脂时有害物质容易释放，易致癌
04 LDPE	LDPE/低密度聚乙烯	保鲜膜、塑料膜等的材质；耐热性不强，超过110℃会出现热熔现象；包裹食物时，食物中油脂易将有害物从保鲜膜中溶解，微波炉加热前，应取下保鲜膜
05 PP	PP/聚丙烯	微波炉餐盒，耐130℃高温
06 PS	PS/聚苯乙烯	碗装泡面盒、发泡快餐盒的材质；耐热抗寒，但不能放进微波炉
07 OTHER	其他	多用于制造奶瓶、太空杯；双酚A的存在备受争议

我们今天所说的PC塑料属于其他类中的一款。PC即聚碳酸酯，力学性能优良，透光性好，无毒，但是由于PC合成过程中可能有残余的有毒物双酚A的存在，因此，PC塑料制品是否能正常使用，遭到很多质疑。

双酚A是什么？

双酚A是一种化工原料，在工业上是制作塑料的原料。其中一种是聚碳酸酯，也就是上文所说的PC塑料了，是一种质地透明、材质较硬的塑料，常用于制造婴儿奶瓶的瓶体。科学家曾用小白鼠研究低剂量的双酚A是否也会产生毒害作用，并发现长期低剂量摄入双酚A，会造成小白鼠生殖系统和神经系统不同程度的损害。这样的“低剂量”与人体可能摄入双酚A的最大量相当。据此，不少科学家对双酚A的安全性提出了质疑（见下表）。

时间	机构	提出危害	剂量
2007.10	美国疾病控制与预防中心	2000多人取样，低于规定的每日摄入量，仍能在93%的人尿液中检出双酚A	0.1μg/kg（体重）
2008.4	美国国家卫生研究所	双酚A与乳腺癌、前列腺癌和性早熟有关	—
2008	加拿大公共卫生部门	禁止进口和销售用聚碳酸酯塑料生产的饮料瓶	—
2008.9	半岛医学院	成人体内的双酚A浓度高与心脏病和糖尿病的发生有关	—
2009.6	耶鲁医学院	用含双酚A的饲料喂养的雌鼠产下的雌性幼鼠丧失了生育能力	—

由于双酚A的存在，2010年加拿大成为第一个禁止双酚A上架的国家；2011年3月欧盟也将双酚A打入了冷宫；但其实直到现在，也没有直接的证据支持双酚A对婴儿有重大食品安全问题。也就是说，我们既不能确定双酚A无害，也不能确定它有害。但对于食品安全，尤其是婴幼儿的食品安全，我们需要采取更加保守的态度。对双酚A的处理方式，就是这样一种“谨慎”的体现。

PC塑料杯装开水会诱发癌症吗?

实际上，PC在合成过程中，就有除去多余的双酚A的工艺流程。PC的加工过程是需要严格干燥的，以免其分解产生双酚A。PC制品在使用中虽然可能长期与水接触，但在容器规定的使用上限温度以下是不会发生分解而产生双酚A的。一些研究发现，初始酚含量合格的PC，热分解放出酚类物质要达到200℃左右的高温，而沸水的温度仅为100℃，也就是说，初始酚含量合格的PC热分解放出酚类物质的温度远远超过了水杯等的正常使用温度。因此，大家也不用慌张。

国家标准《食品容器、包装材料用聚碳酸酯成型品卫生标准》（GB 14942—1994）规定，以食品包装用聚碳酸酯树脂（即PC塑料）为原料，经加工制成的食品容器、包装材料，其游离苯酚应控制在每升液体0.05mg以下。聚碳酸酯（PC）可以在-60℃～120℃下长期使用，它的脆化温度为-100℃，最高使用温度为140℃。即PC塑料杯是可以用来装开水的，但是要当心劣质的PC塑料杯。

以聚碳酸酯（PC）塑料饮水口杯为例，加工不规范、材质粗糙的口杯在盛装热水的过程中会释放双酚A，并且温度越高释放量越多、释放速度越快，危害人体健康。而合格的塑料杯，其在生产过程中可能出现的双酚A、游离苯酚、丙烯腈单体及残留物等有害物质的含量都严格受到了控制，在规定的使用温度下正常使用，是不会对人体产生危害的。

因此，“PC塑料杯装开水会诱发癌症”是夸大其词的谣言。合格的容器中若含有双酚A，在规定使用温度的上限以下使用是安全的，不会产生毒性，无需担心会致癌。而在选购塑料杯时，最好还是买质量好的塑料杯。

当然如果实在是担心，可以考虑换用陶瓷杯和玻璃杯。

【辅助阅读】塑料的挑选&水杯的选择

（1）尽量在正规超市选购正规品牌的塑料饮水口杯，不要贪图便宜。

正规销售商家会查验塑料饮水口杯生产企业的生产许可证、食品卫生检验报告及相关资质证明。尽量选择知名企业或正规企业的产品，塑料材料中易出现的游离苯酚、丙烯腈单体及残留物等有害物质，均有强制性国家卫生标准限定含量，企业生产的产品必须符合限量要求，经检验合格后才能出厂销售。

（2）闻气味，劣质品有刺鼻气味（异味）。

（3）查看外观，是否存在缺陷或瑕疵。

①杯体没有裂纹、缺口。

②表面光滑、无划伤及飞边，内壁无明显的伤痕、划痕。

③杯体无明显吸水纹、无气泡，色泽光洁，无明显杂质。

④杯体无污渍及析出物。

⑤印刷字体、图案清晰完整，无明显褪色、错误等缺陷。

九　普洱茶致癌?

谣言

茶文化是我们中华优秀传统文化之一，从古至今，人们都很喜欢喝茶。而普洱茶更是人们常喝的茶之一。但近日，网上流传着一篇《普洱茶致癌》的文章，引来了无数人围观，众多网友也一边倒，纷纷表示：“普洱茶中普遍含有黄曲霉素，喝了会致癌，千万别再喝了。”

【谣言来源】

科学世界 2017,(07),136-137

喝茶能防癌还是致癌?

方舟子

所以这些为普洱茶辩护的说辞都是不足为凭的，关键是要有证据。有没有证据表明市场上卖的普洱茶含有黄曲霉素呢?有的。2010年，广州市疾病预防控制中心研究人员抽查了广州市场上的70份普洱茶样品，发现全都能检测出黄曲霉素，其中有8份黄曲霉素的含量超出了中国谷物标准规定的黄曲霉素限值（5微克/千克），同时还查出了所有普洱茶样品都含有伏马毒素和呕吐毒素，其中有63份呕吐毒素的含量超出了标准规定的限值（1毫克/千克）。2012年，南昌大学一名食品工程硕士研究生重复了广州疾控中心的研究，结果也和广州疾控中心研究结果一致，从南昌市场采集了60份普洱茶，全都能检测出黄曲霉素，其中7份超标。也全部查出了伏马毒素和呕吐毒素，其中41份呕吐毒素超标。

可见市场上普洱茶普遍含有黄曲霉素和其他真菌毒素，有的含量还非常高。那么在喝茶时这些毒素有没有可能被喝下去对人体造成危害呢?能。2012年安徽省马鞍山市中心医院肾内科报道了一个病例，一名患者每天喝10克普洱茶，喝了一个多月后，发生黄曲霉素中毒导致急性肝损害。这名患者喝的普洱茶中黄曲霉素的含量超过了30微克/千克。每天才喝10克普洱茶，属于那位“科学顾问”所谓用量很少的范围，也不是把茶叶吃进去的，摄入的黄曲霉素的量都已高到了急性中毒，何况是低量摄入导致的慢性损害?仅这个病例就足以说明即使每天只用10克普洱茶，即使黄曲霉素不溶于水，普洱茶中的黄曲霉素同样能够进入人体造成伤害。急性的伤害容易发现，慢性的伤害，例如致癌，就是无形的了，不容易发现。因为不容易发现，就想当然地叫大家不要担心，这样的所谓“健康科普”，是害人的伪科普。N

辟谣

“普洱茶致癌”是夸大其词的谣言。该文章中用于检测黄曲霉素的方法落后，因此，得出的结果是不可信的。而由于工厂的不当操作，才会引入黄曲霉素，造成食品安全事件。跟花生、大米等食物一样，普洱茶在存放过程中也有可能会感染黄曲霉素，但其含量很低。再者，黄曲霉素是不溶于水的，我们完全没必要担心喝普洱茶致癌一说法。

市场上普洱茶普遍含有黄曲霉素?

谣言原文：“可见市场上普洱茶普遍含有黄曲霉素和其他真菌毒素，有的含量还非常高”。

谣言中的这个观点，出自两篇文献，分别是2010年和2012年的，文献中的抽查量分别是70份和60份，130份样品都检出黄曲霉素。这两篇文献能代表整个普洱茶市场吗？从统计学角度来看，并不能。但是为什么造谣者认为可以？深圳市计量质量检测研究院食品检测所发表了一篇《普洱茶致癌？检测机构有话说》的文章，文中主要观点是：“黄曲霉毒素百分之百检出”不可信，检测方法落后导致假阳性。该检测所的证据是否充足？

文中表示：“深圳市计量质量检测研究院食品检测所长期致力于食品安全检测，年检测食品样品超过10万批次，其中每年检测黄曲霉素的样品就有约1.5万批次，早在2008年，我们就承担了国家质检总局《食品及原料中真菌毒素检测方法研究》科技项目，对茶叶中的真菌毒素进行了摸底调查，并未发现茶叶存在真菌毒素污染风险。在之后每年的国家风险监测和客户委托检验中也并未发现茶叶中检出黄曲霉毒素B1。”

几万份的检测结果与130份的检测结果相比，当然是检测所的更有说服力。

普洱茶中有没有可能含有黄曲霉素?

了解茶叶工艺的都知道，普洱茶确实是靠霉菌发酵生产出来的，主要是黑曲霉。黄曲霉也是自然界常见的霉菌，在普洱茶加工中确实有可能污染茶叶。但是很巧妙的是，普洱茶的加工温度不适合黄曲霉生长，同时黑曲霉的大量生长也会与黄曲霉形成一种竞争性抑制的关系。即在普洱茶中，黄曲霉来不及产生毒素，就被抑制不能生长了。

但是，普洱茶工艺中还有一个“陈化”步骤，该步骤是将成品普洱茶放到仓库里继续自然发酵，产生醇厚口感。而这个步骤是有可能发生黄曲霉素的污染。但请注意，是污染而不是该步骤本身产生的，是工厂在执行这一步的时候，普洱茶因为“劣质原料、储存不当和货物混放”等原因引入了黄曲霉素。

大家也看出来了，这也不是普洱茶普遍的结果，而是小厂生产不规范导致的个例，是食品安全事件。只要大家购买大品牌的产品，完全不用担心。

万一喝了含有黄曲霉素的普洱茶，会致癌吗？

这个问题其实不是普洱茶独有，很多食物都有可能含有黄曲霉素。例如，花生、大米、玉米、大豆和各种坚果。这些食物在存放过程中一样会感染黄曲霉，或者污染黄曲霉素。如果严格要求不含黄曲霉素，基本上这些东西都不要吃了，所以国家对这类产品立法做限量标准，例如：花生和玉米以及它们的制品，限量为20μg/kg；大米及其制品，限量是10μg/kg；小麦、大豆、坚果及其制品，限量是5μg/kg。20μg/kg是多少呢？20μg/kg黄曲霉素的量相当于吃1kg大米，里面只有半粒米重量的黄曲霉素。

如果消费者还是害怕，万一我真的一天能吃1kg米怎么办，万一我真的一天吃了半粒米的黄曲霉毒素怎么办，不要担心。就算这样，你也仅仅是提高癌症的患病几率，比如你得肝癌的风险增加了六万分之一。

我们再回过头来说普洱。在普洱这种食品中，以上患病几率会变得更低。为什么呢？因为黄曲霉毒素不溶于水。我们是喝茶，并不是吃茶叶，所以，喝到嘴里的黄曲霉毒素更是少得可怜。

因此，“普洱茶致癌”是夸大其词的谣言。大家实在没有必要担心普洱茶致癌，请放心喝普洱吧。但如果你还是担心，不喝就是了，喝茶也只是种爱好。

谣言拓展

此类谣言还可能会以大米、花生、玉米等食物作为造谣对象。此类食物除了不正当的操作受到黄曲霉毒素的污染而引起的食品安全事件外，在存放过程中，也有可能感染黄曲霉，但是黄曲霉毒素的含量很低，因此，我们没有必要过于担心。

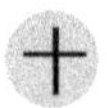

星巴克咖啡致癌？

谣言

星巴克的咖啡可谓是受全世界人民的欢迎，在我国，也有不少人热衷于星巴克的咖啡。但是，洛杉矶法院却发表了一份“星巴克咖啡致癌”的裁决书，这让世界各地的“星巴克爱好者”都炸开了锅。

【谣言来源】

THE WALL STREET JOURNAL.

Subscribe
SPECIAL OFFI

Home World U.S Politics Economy Business Tech Markets Opinion Life & Arts Real Estate WSJ. Magazine

U.S.

California Judge Rules Coffee Must Carry Cancer Warning

Under state's Proposition 65, cancer warnings appear on wide range of places and products

By Sara Randazzo
March 29, 2018 7:52 p.m. ET

（上图是华尔街日报的新闻截图）

鳳凰網财经 凤凰网财经 > iMarkets > INEWS > 正文

咖啡可能致癌！加州法院下令星巴克等贴上警告标签

2018-03-30 16:08:26
来源：凤凰国际iMarkets

2人参与 1评论

凤凰国际iMarkets讯 北京时间周五(3月30日)，据路透社报道，洛杉矶一家法院裁决，星巴克和其他咖啡公司在加州销售的咖啡产品必须贴上癌症警告标签。

洛杉矶高等法院法官博勒（Elihu Berle）在周三的一项裁决中表示，星巴克和其他咖啡公司未能证明，在烘焙咖啡时产生的一种化合物的威胁是微不足道的，因此必须在产品上贴上癌症警告标签。

法庭文件显示，总部位于加州的美国毒物教育和研究委员会在此案中指控星巴克和其他公司未警告消费者，他们出售的咖啡中含有高含量的丙烯酰胺，后者一种有毒的致癌化学品。

星巴克和此案中的其他被告可以在4月10日之前就此裁决提出反对意见。

（上图是国内众多新闻报道之一）

辟谣

“星巴克咖啡致癌”是夸大其词的说法。丙烯酰胺仅仅是有潜在致癌的风险，另外，不单单只有星巴克的咖啡会含有丙烯酰胺，我们平时吃的薯片、薯条、面包等都会含有丙烯酰胺。再者，咖啡中的丙烯酰胺含量也对人体健康没有多大的威胁。因此，不用过于担心。

起诉的组织靠谱吗?

新闻中的毒物学教育和研究委员会是一个非营利组织，并不是官方组织。而加州对于企业"致癌"标签管理比较严格，所以该组织在加州一举起诉了90家相关企业，要求企业添加致癌警告标签，如果企业无法证明与致癌相关，就会输掉官司。这些企业还包括：绿山咖啡公司、卡夫食品公司、7-11、麦当劳等。

星巴克的咖啡会致癌?

该组织要求添加的就是关于争议不断的聚丙烯酰胺的致癌标签。而丙烯酰胺想必大家都很清楚，丙烯酰胺只能算是2A类致癌物①，意思是致癌的研究并不是非常确定，只是潜在致癌风险。薯片、薯条、面包、饼干和爆炒蔬菜等食品中都含有丙烯酰胺，并且咖啡中丙烯酰胺的含量对人体健康的威胁不大。

因此，"星巴克咖啡致癌"是夸大其词的说法。大家可以放心，星巴克的咖啡还是可以喝的。

【辅助阅读】法院判决后续

既然威胁不大，那为什么还被判决了要做致癌标注呢？这其实是加州法院重视消费者知情权的表现。洛杉矶高级法院法官 Elihu Berle 在提出的判决结果指出："这是因为星巴克和其他公司未能证明他们的咖啡产品含有的化学物质并没有造成重大伤害的疑虑。"请注意，是"未能证明"。

那么法院给了星巴克多少时间来证明咖啡中的聚丙烯酰胺量不大，不足以威胁人体呢？8年……毒物学教育和研究委员会自 2010 年就开始起诉咖啡零售商，声称丙烯酰胺有致癌性，必须按照《1986 年安全饮用水和有毒物质强制法》提出警告。 所以很多公众号以为，星巴克把这个丑闻真的捂了8年……其实，就是星巴克太拖沓，不重视该案件的结果。

其实，这事还没完，法院说，星巴克和此案中的其他被告可以在4月10日之前就此裁决提出反对意见。全美咖啡协会为了维护自身利益，也声称要上诉。

---

① 详细介绍请查阅"二"辅助阅读"癌物分级系统"。

估计，星巴克有两条路可走：①和解，星巴克交钱息事宁人，同时贴出警告标签。②给出无害的证明，上诉。结果如何呢，还挺期待的。

最后，法院也算不上矫枉过正，他们就是按程序办事而已。

十一 德芙、老干妈等知名品牌中含矿物油，吃了会致癌？

谣言

近日，德芙、老干妈、海天等品牌的产品相继被曝光矿物质油含量偏高，且其中数款产品被一家第三方检测机构评为警示（D-）（最差级别），并建议消费者“谨慎购买”。多家媒体转载第三方检测机构的报告，称“矿物油超标恐伤肝致癌”。

【谣言来源】

finance.sina.com.cn/roll/2017-03-06/doc-ifycaasy7666073.shtml

新浪首页 新闻 财经 股票 科技 房产 汽车 体育 博客 更多

sina 新浪财经 生活 > 315网络曝光台 > 正文

德芙巧克力被检出矿物油超大幅偏高 或损害肝脏等器脏

2017年03月06日10:05 中国网 3,609

中国网财经3月6日讯（记者 俞杰）食品巨头玛氏旗下的巧克力品牌德芙进入中国市场二十余年，长期占据着国内巧克力的“头把交椅”。然而近日一份检测报告显示，德芙一款巧克力产品被检出矿物油含量“超大幅偏高”，可能会给肝脏、脾脏及淋巴结等器官造成损害。

health.sznews.com/content/2017-04/13/content_15973374.htm

深圳新闻网 sznews.com 深圳 论坛 娱乐 焦点 图片 调查 房产 更多 登录 电子

当前位置：深圳新闻网首页 > 新健康 > 热点 > 热点新闻 站内

老干妈摊上事了！被指矿物油偏高存健康隐患

近日，第三方测评机构优恪网选择了中国市场上10款畅销的油辣椒产品进行测评，海天、老干妈、老干爹、友加等多款油辣椒产品被检测出矿物油大幅偏高、含有多环芳烃化合物以及增味剂等问题。

辟谣

“德芙、老干妈等知名品牌产品中含矿物油，吃了会致癌”是夸大其词的谣言。矿物油在食品生产中仅作为一种加工助剂或用于包装的印刷，而食品中矿物油的毒性非常低，含量也非常低，在正常饮食摄入的情况下完全没有必要担心。

什么是矿物油？它的毒性究竟有多大？

矿物油是以原油（从油井中开采出来未加工的石油）为原料，经过一定工艺制得的一类以碳元素和氢元素为主的化合物。它与植物油、动物油的区别见下表：

名称	化学组成	来源、分布
植物油	由不饱和脂肪酸和甘油化合而成	植物的果实、种子、胚芽
动物油	主要成分为饱和脂肪酸和胆固醇	猪、牛、羊等动物脂肪
矿物油	主要为饱和环烷烃与链烷烃混合物	由石油精炼得到

据相关文献报道，矿物油的毒理学特性和它结构中碳链的长短有密切关系。碳数低于10的矿物油在室温下容易挥发，所以不易在食品中残留而引起污染；而碳数高于50的矿物油不易被人体消化吸收，不小心误食也能够直接通过胃肠道排出体外，所以不会对人体健康造成影响。其中碳数介于10～50的矿物油则有一定毒性，但毒性也非常低。

暨南大学李克亚的研究文章和欧盟化学品管理署的资料表明，白油（C15～C50的矿物油）的经口灌胃半数致死量为5g/kg。学术界界定一种物质的急性毒性，通常用半数致死量（LD50）来描述。也就是把这种物质通过口服或者皮肤吸收的方式给予实验动物，一般是小鼠或者大鼠，十四天内能使一半实验动物死亡的剂量就是半数致死量，该数字越大越安全。大鼠口服食盐的半数致死量是3g/kg。从数据简单理解，至少就急性毒性而言，白油的安全性高于食盐。

食品中为什么会出现矿物油?

当然，矿物油并不是食品中的正常成分，它不应该出现在食品中，就算是比食盐的毒性还低，因为我们没有必要吃矿物油。

矿物油出现在食品中因为有以下三个原因：

（1）作为食品加工的生产助剂（用于助滤、澄清、吸附等食品加工工艺）使用。国标GB 2760—2014中规定，矿物油可作为加工助剂（润滑剂、消泡剂、脱模剂等）用于糖果、薯片和豆制品等的生产；欧盟等许多国家和地区也允许食品级白油（C15～C50的矿物油）用作口香糖的胶姆糖基础剂和水果、蔬菜的表面处理剂。

（2）食品包装材料中印刷油墨、润滑剂等含矿物油。

（3）环境污染。

以上三种情况都会导致少量矿物油迁移到食品中。但因为其毒性非常低，目前中国、欧盟均未对食品中的矿物油成分提出限值。

结论

“德芙、老干妈等知名品牌中含矿物油，吃了会致癌”是夸大其词的谣言。食品中矿物油的毒性是非常低的，含量也非常低，在正常饮食摄入的情况下完全没有必要担心。当然，矿物油毕竟是非食品成分，食品领域的专家、学者也在致力于食品加工生产中的工艺优化，减少或不使用矿物油，以减少其摄入。

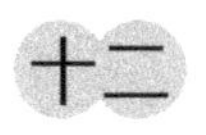

十二 “柠檬+红茶”会致癌?

谣言

一杯冰镇柠檬红茶，是夏日解暑的好选择。但网络上却流传着“柠檬红茶致癌”的说法有网友称：“柠檬表面的OPP（邻苯基苯酚）会致癌，且其同时也能够和红茶中的咖啡因反应产生致癌物。”

【谣言来源】

www.360doc.com/content/17/1229/17/502486_717460026.shtml

个人图书馆 360doc.com 千万人在用的知识管理与分享平台  我的图书馆

饮食禁忌：红茶加柠檬会致癌

2017-12-29 文快书馆 来源 阅 15 转 2　　分享：微信 ▾ 转藏到我的图书馆

红茶+柠檬。

检测显示，有些进口柠檬表皮附有“OPP”（邻苯基苯酚），“OPP”常被用于杀菌防腐剂，若与红茶所含的咖啡因接触，有可能生成致癌物质。为安全起见，建议削去柠檬表皮。

辟谣

“柠檬红茶致癌”是无中生有的谣言。OPP的毒性并不高，标准体重的成人即使一次性摄入1.2kg的OPP，也基本不会出现中毒症状。而OPP的致癌性也很低，口服500g的OPP才可能导致DNA损伤。早在2014年的食品添加剂标准中，已经规定不能再使用OPP作为防腐剂了。另外，OPP与咖啡因是不会产生新的致癌物的。

OPP是什么?

柠檬红茶致癌的说法，我们首先来分析网传柠檬皮表面的OPP成分。OPP全称为邻苯基苯酚（O-phenylphenol），是一种应用广泛的化工产品。同时，OPP作为一种效果较好的杀菌防腐剂，具有很好的防霉保鲜作用。欧盟和美国相继规定在水果、蔬菜中，OPP的最大残留量分别为5mg/kg和10mg/kg，而我国早在2014年就规定不能再使用OPP作为防腐剂。根据GB 2760—2011《食品安全国家标准　食品添加剂使用标准》中，2-苯基苯酚钠也可用于柑橘类水果的防腐剂，但规定每千克柑橘的用量不得超过12mg。

OPP安全吗?

那么，OPP到底安不安全？要评估OPP的安全性，我们就得从OPP的急性毒性、蓄积毒性和遗传毒性三个方面来分析。

1. OPP的急性毒性

OPP的急性毒性即是生物体一次性（或多次）摄入OPP并引起生物体的中毒效应，甚至死亡。科学家曾对小白鼠进行试验，结果表明：OPP属于实际无毒级。也就是说，根据相关公式换算后，标准体重的成人即使一次性摄入1.2kg的OPP，也基本不会出现中毒症状。

2. OPP的遗传毒性

目前，科学界已经证实了OPP在高浓度下会造成DNA损伤。那么这个高浓度是多高呢？研究人员发现，能引起人体损害的OPP 最低有效浓度很低，仅为20μmol/L；小鼠经口服产生DNA损伤的剂量为2000mg/kg（体重），折算成标准成人的剂量，大概为口服500g的OPP才可能导致DNA损伤。因此，完全没有必要担心残留在柠檬表面的OPP会导致DNA损伤以及癌症的问题。

3. OPP的蓄积毒性

也有研究表明，OPP具有一定的弱蓄积性。此外，OPP及其钠盐毕竟不是食品的正常成分，并可透过果皮进入果肉，造成清洗不掉的残留。因此，我国最新的《食品安全国家标准　食品添加剂使用标准》（GB2760—2014）中，OPP及其钠盐已经被禁止使用，目前仅有联苯醚（又名二苯醚）可用作柑橘类水果的防腐剂。所以，正规来源的柠檬不含OPP。

柠檬红茶会致癌吗?

不会的。红茶中仅含有1% 左右的咖啡因成分。并且，目前也没有相关研究报道，说明OPP能否与咖啡因发生反应。因此，说同食柠檬和红茶致癌是不正确的。

结论

“柠檬红茶致癌”是无中生有的谣言。OPP的毒性并不高，标准体重的成人即使一次性摄入1.2kg的OPP，也基本不会出现中毒症状。而OPP的致癌性也很低，口服500g的OPP才可能导致DNA损伤。我国早在2014年指定的食品添加剂标准中，已经规定不能再使用OPP作为防腐剂了。另外，红茶中仅含有1% 左右的咖啡因，且OPP与咖啡因是不会产生新的致癌物的。

因此，夏日炎炎，还是可以来一杯冰镇柠檬红茶解解渴的。

十三 柿子和一些高蛋白的食物一起吃会得癌症?

谣言

到了柿子上市的季节，一到水果摊上，迎面飘来的都是柿子的香甜味，街坊们都忍不住去多买几个。但网上却流传着一道消息：“柿子有毒！它与其他高蛋白食物一起吃会得癌症”，不少人也纷纷大呼“柿子不能吃！”

【谣言来源】

www.sohu.com/a/114971698_135814

新闻 体育 汽车 房产 旅游 教育 时尚 科技 财经

缘由

微信朋友圈疯转的一则消息：一定要注意柿子千万不要和酸奶、海鲜、酒、红薯一起吃，因为柿子中含有鞣酸与这些食物一起食用，会引起中毒！有一个小女孩吃完柿子又喝酸奶，结果不到半个小时就中毒而死，如果家长有一点常识，小女孩的生命也不会结束！

baijiahao.baidu.com/s?id=1554511091941805

Bai度百度

柿子千万不能和这5种食物共同食用 有致癌风险，您知道吗？

微左左美食
百家号 16-12-24 01:23

4高蛋白比如：鱼、虾

柿子中的物质不能与含高蛋白的食物一起吃，例如鱼、蟹、虾、海参等。从现代医学的角度来讲，含有高蛋白的鱼、蟹、虾、海参在鞣酸的作用下，非常容易凝固成块，形成胃柿石。

辟谣

“柿子有毒！它与其他高蛋白食物一起吃会得癌症”是无中生有的谣言。柿子本身当然是无毒的，但其中含有鞣酸，会与蛋白质发生反应，最后导致人体的消化不良，而并不会致癌。

柿子有毒?

柿子是我国著名的“木本粮食”和“铁杆庄稼”，其在我国的栽培历史已有3000多年之久，也就是说我们的祖先在3000多年前就开始吃柿子了。柿子不但营养丰富，而且具有很高的药用价值和经济价值。因此，说柿子有毒是不正确的说法。

同食柿子和高蛋白的食物并不会致癌

那么，有些人同时吃了柿子和高蛋白食物后，身体为什么会出现不适呢？原因就是柿子中的鞣酸会和蛋白质发生反应，最后导致人体不适。柿子中含有鞣酸，又名单宁酸，在尚未成熟的柿子中含量尤其高。如果一次吃进太多鞣酸，同一时间又摄入较多蛋白质，二者就会发生反应。简单来说，鞣酸会和蛋白质一起形成不溶于胃酸的沉淀，本来人体消化道中有能够分解蛋白的各种消化酶，但在这沉淀面前却“束手无策”，不能把这沉淀消化掉。同时，鞣酸还会使消化酶失去活力，不能全力分解胃中的食物。以上两方面带来的最主要结果就是消化不良。

但不是像谣言说的，柿子和这些高蛋白食物一起吃会得癌症呢？答案是否定的。这里面最重要的因素就是含量。一个正常人，一顿饭，就算大饭量，能吃十个涩柿子（平常人吃一个涩柿子就受不了了），再吃十瓶酸奶或者十只螃蟹，这样的量最多也就是让你消化不良。下两顿饭少吃点，多运动一下，就能缓解。

而对于一些胃肠不好的病人来说，吃柿子的方法还是要讲究，否则会有加重病情的风险。也就是说，只要注意柿子的吃法[①]，就不会出现太大问题。

因此，说“柿子有毒！它与其他高蛋白食物一起吃会得癌症”是无中生有的。柿子和高蛋白食物一起吃多了，会引起消化不良，但并不会致癌。对于肠胃不好的病人来说，只要注意柿子的吃法，也不会有太大的问题。所以，大家都不用担心了，好好品尝美味的柿子吧。

---

① 详细介绍请查阅本篇辅助阅读“肠胃不好的病人，吃柿子要讲究”。

【辅助阅读】肠胃不好的病人，吃柿子要讲究

具体风险人群包括：

（1）胃容积小、胃酸分泌较少，消化不良的；

（2）做过胃部手术，排空显著减慢的；

（3）晚期糖尿病或肾脏功能受损的；

（4）戴呼吸辅助器械的；

（5）有肠易激综合征或其他肠病的人；

（6）糖尿病患者、贫血患者。

对于这部分“情况特殊”的人，如果经受不住柿子的诱惑，还是想吃，需要注意什么呢？

1. 尽量不要空腹吃柿子

空腹吃柿子，由于胃里面没有其他食物，都是消化液，柿子中的鞣酸和消化酶充分作用，负面影响比较大。此外，空腹吃柿子容易大便畅快，因为柿子还含有丰富的膳食纤维，而高纤维食物会促进大肠蠕动，促进排便。有肠易激综合征或其他肠病的人便会造成腹泻。但是，如果便秘，倒是可以利用这点，早晨空腹吃排便效果尤佳。

2. 要控制柿子的摄入量

就像前面所说，摄入过多，消化不良的可能性加大。同时，会带来更明显的饱腹感，从而会影响食欲，并减少正餐的摄入。特别是糖尿病病人及患慢性胃病的病人（因为柿子含糖量高）、缺铁性贫血病人（鞣酸也会影响铁的吸收）、肠胃功能弱者（消化功能减退）、病后初愈者等群体，要少吃柿子。

3. 尽量不要吃未成熟的柿子和柿子皮

未成熟的涩柿子和柿子皮中的鞣酸含量很高，有多少人爱吃涩柿子和柿子皮呢？

小结

大家在阅读完本章节之后，都大致了解了“食物致癌”谣言的套路了。这些谣言之所以能成功传播，原因主要有两个方面：一是这些谣言都抓住了

群众对某些知识、概念的不熟悉，因而轻易扣上“致癌”的帽子，而另一方面则是利用了群众总是忽略“量”这个特点。

因此，在日常生活中，利用空余时间了解、学习相关的食品知识是很有必要的。也只有这样，当我们再遇到“致癌食物”时，才会变得从容不迫，第一反应是对消息的怀疑而不是恐惧。若大家实在没时间学，这里有一个可以帮助大家来判断是不是“致癌食物”的可靠小诀窍：平常能够被人吃进肚子的大多数食物，只要用正常的方式保存或加工，按照正常的量来食用，往往本身是非致癌的、健康的。所以，大家不必过于担心，美食，我们还是要吃的。

02

第二部分

吃“我”不会生病，吃“我”不会危害健康

膳食与健康密不可分，人们通过摄入多种多样的食物，来满足生长发育和营养健康的需要。但突然有一天，消费者会读到一些所谓的“健康警示”，发现自己日常食用的肉、蛋、奶、蔬菜、水果，乃至调味品都变成了损害健康的食物。一时之间，人心惶惶，人们在吃这方面变得异常谨慎。这些“健康警示”大部分都是谣言。如果得不到正确的答案，会对消费者产生长期的误导。

所以，本部分以“吃‘我’不会生病，吃‘我’不会危害健康”为主题，对膳食损害健康的谣言进行驳斥。主要从“凭空杜撰”、“夸大其词”、“记忆偏差”以及“以偏概全”四个套路入手，选取15篇文章对谣言进行驳斥，让大家吃得安心。

一 味精，鸡精，是害人精?

谣言

对于现在的家庭来说，味精和鸡精是厨房里最常见的调味料，有些人直接将这些调味品作为高汤的原材料，但很多人认为味精和鸡精是化学物质，吃多了对身体不好，因而非常排斥。

【谣言来源】

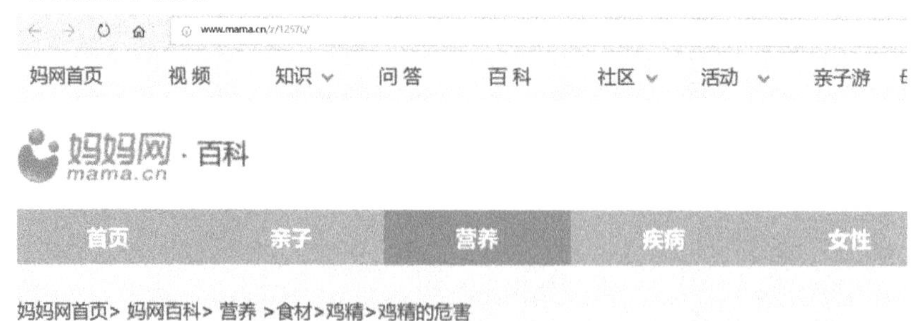

辟谣

味精和鸡精可以作为食品添加剂中的增味剂，可在各类食品中按需要适量使用，没有剂量限制，人们可以放心食用添加了味精和鸡精的食品。

吃味精对身体有害

味精主要成分是谷氨酸钠。这个化学名称听起来挺吓人，其实谷氨酸就是人体中存在的一种氨基酸，而钠是一种金属元素。国家食品安全标准中对味精的定义是：“以碳水化合物（如淀粉、玉米、糖蜜等糖质）为原料，经微生物（谷氨酸棒杆菌等）发酵、提取、中和、结晶、干燥而制成的具有特殊鲜味的白色结晶或者粉末状调味料。”

在这个人们对食物追求原汁原味的时代，很多人对味精唯恐避之不及，一是由于一些餐馆在烹煮过程中加入大量味精，造成食物失去原本味道，引起消费者反感；二是消费者对味精有莫名的恐慌和排斥，认为这种人工的添加剂会对人体产生危害。

其实，味精作为一种鲜味剂，在烹煮食物的过程中适量加入，可以增加食物的鲜味。而味精作为国家批准生产使用的食品添加剂，其安全性经过了严格的测定。由有资质的商家生产的合格味精，在作为食品添加剂的剂量内，对人体没有危害。味精在120℃以上的高温会产生焦谷氨酸钠，有人担心焦谷氨酸钠会对人体有害。其实不然，由谷氨酸钠变成焦谷氨酸钠只会失去其原有鲜味，不会对人体产生危害。况且，味精一般在起锅阶段加入，可以避免长时间烹煮引起的鲜味消失。

1959年，美国FDA把味精归于GRAS（一般认为安全的缩写，全称为Generally Recognized as Safe）的类别；1987年，联合国粮农组织和世界卫生组织把味精归入“最安全”级别；美国医学协会、联合国粮农组织和世界卫生组织的食品添加剂联合专家组（JECFA）、欧盟委员会食品科学委员会（EFSA）都对味精进行过评估和审查。JECFA和EFSA都认为味精没有安全性方面的担心，因此在食品中的使用“没有限制”。美国FDA的一份报告认可

“有未知比例的人群可能对味精有所反应”，但是整体上，他们赞同JECFA的结论。当然也有部分专家对于婴儿吃味精持有高度的谨慎态度。

结论就是，味精是安全的，在食品中的添加量没有限制。可是，谁也不会在食物中大量添加，因为加入大量味精，反而夺去了食品的鲜味，适得其反。

吃鸡精对身体有害?

鸡精的定义：以味精、食用盐、鸡肉/鸡骨的粉末或其浓缩抽提物、呈味核苷酸二钠及其他辅料为原料，添加或不添加辛料和/或食用香料等增香剂经混合、干燥加工而成，具有鸡的鲜味和香味的复合调味料。从定义可以看出，鸡精和味精的主要差别就是成分更加复杂，我们尝到的不光有味精的鲜味，同时还有咸味以及其他呈味物质。它们共同作用，会产生特殊的效果。

在购买时可千万别被包装上的“鸡”误导了，以为鸡精就是从鸡肉里提取出来的。鸡精中的鸡肉占的量很少，其主要原料是味精，之所以有鸡肉味，是因为加入的核苷酸有鸡肉的鲜味，和其他的香料一起作用时，比起单一的味精，会使鸡精有产生1+1>2的鲜味。鸡精属于安全的食品添加剂，在生活中可以放心食用。不过有一点要注意，鸡精中是有盐的，加得多的话需注意钠的摄入量，避免高钠饮食。

【辅助阅读】味精简史

尽管味精广泛存在于日常食品中，但谷氨酸以及其他氨基酸对于增强食物鲜味的作用，在20世纪早期才被人们科学地认识到。1907年，日本东京帝国大学的研究员池田菊苗发现了海带汤蒸发后留下的棕色晶体，即谷氨酸钠。这些晶体，尝起来有一种难以描述但很不错的味道。这种味道，池田在许多食物中都能找到踪迹，尤其是在海带中。池田教授将这种味道称为“鲜味”。

之后，他为大规模生产谷氨酸钠晶体的方法申请了专利。池田教授将谷氨酸钠称为“味之素”。这种风靡整个日本的“味之素”，很快传入中国，改名叫“味精”。不久，味精风靡全世界，成为人们不可缺少的调味品。

谷氨酸是构成蛋白质的氨基酸之一，但谷氨酸不能提供鲜味，只有游离的谷氨酸（带上负电荷的谷氨酸）才能产生鲜味。有的人喜欢在煲汤时放入西红柿和土豆，觉得煲出来的汤味道鲜甜许多，其实这也是西红柿和土豆里游离的谷氨酸所起的提鲜作用。

结论

味精和鸡精都是安全的食品添加剂，食品中味精和鸡精没有安全性方面的问题，因此它们在食品中的使用“没有限制”，即使摄入量过多，也不会有致癌的风险，因此味精和鸡精的剂量多少不会影响其食用安全性，加或不加味精或鸡精是个人口味的选择。但要注意，鸡精中是有盐的，加得多的话需注意钠的摄入量，避免高钠饮食。

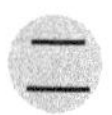

二 土豆和香蕉同食会生雀斑吗？

谣言

土豆营养价值高，常常被做成各种小吃，是我们日常餐桌上常见的食物，香蕉也是日常生活中我们常吃的水果。然而网上却有人称：“土豆和香蕉一起吃会长雀斑。”

【谣言来源】

www.chinacaipu.com/menu/jiankangyinshi/187248.html

首页 菜谱大全 健康养生 美食专题 食材大全 美食发烧友

你的位置： > 菜谱 > 饮食健康 > 健康饮食 > 正文

不能和香蕉一起吃的食物 香蕉加土豆小心长雀斑

香蕉+土豆(×)

如果香蕉和土豆两种食物一起食用或食用的时间没有相隔十五分钟的话，会发生化学作用并产生一定的毒素，这些毒素会导致你长斑。虽然偶尔一起吃一次两次也没有关系的，是不会马上长雀斑的，但时间长了就会起作用。

辟谣

从土豆和香蕉中的营养成分看，两者是可以一起吃的，并不会产生什么化学反应。而雀斑的形成跟体内激素有很大的关系，要保持良好的心情，注意防晒，多食富含维生素C和维生素E的新鲜水果和蔬菜。

雀斑是什么?

雀斑是一种发生在面部的皮肤损害，呈斑点状，或芝麻状褐色或浅褐色的小斑点。最容易长的部位是双颊部和鼻梁部，也可泛发至整个面部甚至颈部，是影响面部美观的最为常见的原因之一。

雀斑是怎么形成的?

雀斑的斑点是因黑色素细胞发生变异而形成的。变异了的黑色素细胞比普通的黑色素细胞大、树枝状突增多、增大。树枝状突中充满了黑色素，在皮肤表面就显露出一个一个的黑点。

哪些人容易生雀斑？雀斑患者大多数是后天性的，也有部分患者是先天性的。但不论是先天性的还是后天性的，均与遗传因素有密切的关系，是常染色体显性遗传，在一家数代中可连续地在同样部位发生相同式样的雀斑；日光的暴晒或紫外线照射过多可促发和加重本病！也就是说，患雀斑的患者具有一定的“素质”，具有这种素质的人在外界的一些因素的作用下（如日晒、皮肤干燥等），便会生发雀斑。

土豆和香蕉同食会生雀斑吗？

土豆和香蕉同食的人生雀斑，是真的吗？我们从最根本的成分来进行分析。

土豆含有丰富的维生素B1、B2、B6和泛酸等B族维生素及大量的优质纤维素，还含有微量元素、氨基酸、蛋白质、脂肪和优质淀粉等营养元素，主要成分是碳水化合物。

香蕉含丰富的碳水化合物，是钾和维生素A的来源。 每100g香蕉含水分77g，蛋白质1.2g，脂肪0.6g，碳水化合物19.5g。

从它们的成分来看，也都只是我们日常饮食常见的营养成分，都是可以一起食用的，并不会产生什么化学反应。况且，食物进入胃后被胃酸消化了，其实都是一些可以吸收的微量分子，并不会产生反应。

结论

土豆和香蕉同食生雀斑这种说法是缺乏科学依据的，一般食物相克的说法，很多都是谬论，没有科学依据。斑点的形成跟体内激素有很大的关系，要保持良好的心情，注意防晒，多食富含维生素C和维生素E的新鲜水果和蔬菜。并且，土豆和香蕉的钾元素都很丰富，分别是蔬菜和水果中的“美腿高手”，丰富的钾元素能帮助你伸展腿部肌肉和预防腿抽筋，具有瘦腿的功效。

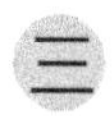 三 煮肉时的浮沫对身体有害？

谣言

相信不少在家下过厨的朋友，都会发现这么一个现象：在肉汤煮开之后，会产生浮沫。但是网上却有人说：“这层浮沫不能喝，否则会中毒。”

【谣言来源】

https://baijiahao.baidu.com/s?id=1572436698740865&wfr=spider&for=pc

煮肉煮菜时候锅里的浮沫见过吧？这不能吃！有毒的！

夏天的姑娘
百家号 17-07-09 17:30

煮肉时渐渐浮出水面的浮沫和蔬菜中富含的涩汁到底是由啥成分构成的呢？接下来我就给各位看官遍及一下浮沫（涩汁）的成分和特征的相关常识吧。

辟谣

浮沫是由肉内毛细血管中残留的血液形成的。血液中的血红蛋白结合了气体，增加血红蛋白的体积，故形成泡沫。所以这种浮沫是没有害的，不管血红蛋白变成什么形态，也还是蛋白。不过浮沫虽然没有毒，但是会影响口感。

为什么煮肉时会产生浮沫？

这层浮沫是由肉内毛细血管残留的血液形成的。细心的朋友会发现，煮不同部位的肉产生的浮沫数量是不一样的，这是因为不同部位的毛细血管的数量不同。纹路清晰的肉，例如猪背部的肉纹路清晰，毛细血管较少，容易把残留的血液洗干净，故煮汤时浮沫少；而纹路复杂、毛细血管丰富的肉，例如腿部、肩部的肉，想要把肉内残留的血液清洗干净是很困难的，所以煮汤时产生的浮沫也比较多。

产生的浮沫对身体有害吗？

这得从血液的成分来分析。下面以猪血为例，首先，我们需要了解浮沫形成的原理：食品泡沫通常是气泡在连续的液相或含可溶性表面活性剂的半固相中形成的分散体系。如下图所示。简单来说，与小朋友吹肥皂泡的原理相同，与搅打蛋清时产生的气泡也是一个道理。

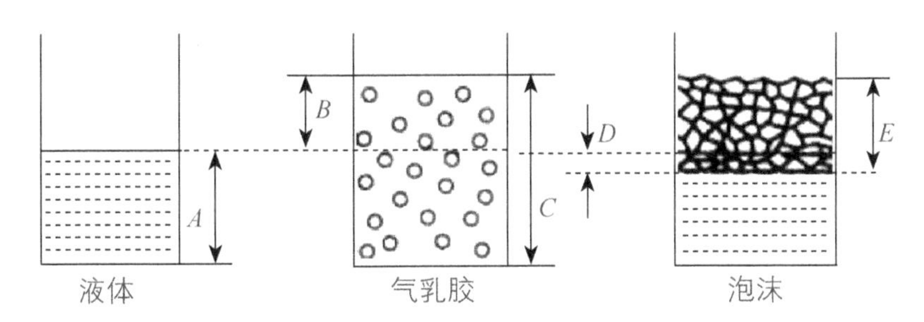

A—液体发泡前高度；*B*—液体发泡后增加的高度；*C*—发泡后总高度；*D*—液体发泡前高度与静置后液体高度差；*E*—液体发泡静置后泡沫高度

我们都知道猪血中含有丰富的血红蛋白，猪血中的血红蛋白占鲜血的18.9%。血红蛋白是溶解性极好的一种蛋白质，能形成稳定的泡沫。在猪肉汤中，气体是空气或CO_2，连续相是猪肉汤。当水沸腾之后，水中溶解的空气会被析出。而当温度升到100℃之后，血红蛋白发生变性，血红蛋白的二三四级结构被破坏，随之氢键、二硫键打开，这样就暴露了多肽链。多肽链可以结合汤中的气泡，使蛋白质体积膨胀，形成泡沫。

简而言之，就是血红蛋白结合了气体，增加血红蛋白的体积，故形成泡沫。所以这种浮沫是没有害的，不管血红蛋白变成什么形态，也还是蛋白，大家不要被它的外表欺骗了。不过，对口感来说：这层浮沫味腥膻，口感不佳，建议除去。

【辅助阅读】浮沫除去方法

（1）将食材在清水中浸泡足够长的时间，多换几次水；

（2）有些食材在炖汤前先用沸水焯一下，焯完后冷却一下再做汤；

（3）经过上述处理后有些食材还会在炖汤的时候出现一些浮沫，这个时候及时用漏勺（也有专门用于撇浮沫的网勺）等工具将上层浮沫撇去就可以啦！

四 加碘盐容易导致碘超标？

谣言

盐是最常用的调味料之一，碘盐是指含有碘酸钾的食盐，市场调查表明，市场上仍以加碘盐为主。最近，有市民反映：“现在人们都吃得好了，尤其是沿海地区海产品很丰富，再吃加碘盐会使碘摄入过量造成健康问题，应该吃无碘盐的。”同时，网上也开始有人呼吁：“别再吃加碘盐了！”

【谣言来源】

https://baijiahao.baidu.com/s?id=1563570265333513&wfr=spider&for=pc

说你不信，不要再常吃加碘盐了！

身体自我修复研究者
百家号 17-04-02 20:40

中国最早推行加碘盐是在1994年，当时的情况是，很多地方出现大脖子病，其发病原因是缺碘。于是食用加碘盐，成了一项基本国策，这是从国民健康的大局出发。也是对的。

但如今20多年了，吃了这么长时间的加碘盐，有没有后遗症呢？目前来看，临床上并无特别有力的证据，只是医院里患甲状腺结节的人越来越多了。这似乎在某一方面说明，现在人的碘摄入过多。

辟谣

食盐加碘是国际公认的防治碘缺乏病的主要措施，加碘盐可以满足人们对碘的部分需求。根据中国居民膳食营养素参考摄入量，结合盐的摄入量水平和加碘盐中碘的含量，正常食用加碘盐并不会导致碘摄入超标。

食用加碘盐会造成碘过量吗?

我国碘盐中碘的含量的平均值为25mg/kg。WHO指出，碘的推荐摄入量为150～300μg，若满足WHO的推荐量水平，人们需要食用6～12g食盐。而食盐的推荐摄入量正好为6g，其在我国居民中的平均摄入量则约为12g。

从安全的角度出发，WHO推荐每日最大碘摄入量应控制在1000μg以下，中国营养学会推荐每日最高安全碘摄入量为800μg。而人们每天可以通过加碘盐摄入120～180μg的碘，已经达到WHO中碘的每日推荐摄入量150μg。因此，人们每天通过加碘盐所摄入的碘含量可以满足人体所需，且低于推荐的最大摄入量水平，符合营养和安全的要求。

按我国碘添加上限30mg/kg计算，要吃到600μg碘就需要吃20g盐，盐的推荐摄入量才5～6g，中国人平均盐摄入量是12g左右，因此碘的摄入量是不会超标的。若真是那样，则患心血管疾病的风险很大，而不是甲状腺出毛病。

因此，按照正常的食盐摄入量，碘的摄入并不会超标。同时也说明了加碘盐可以满足人们对碘的正常需求。但是，大家也不需要担心自己碘摄入不足而多吃加碘盐。

沿海地区食用加碘盐会造成碘过量吗?

有人说，海产品中富含碘化物，那么在海产品丰富的沿海地区，人们在食用海产品的同时使用加碘盐，会不会因此造成碘摄入过量呢?

我国自20世纪90年代普及碘盐以来，在消除碘缺乏病和提高碘营养水平方面都取得了成效。而随着时间的推移，现在的情况肯定和刚开始普及碘盐时有所不同，有些省市已经下调了食盐加碘量的标准，开始考虑供应不同碘含量的食盐，并且市场上有不加碘的盐可供大家选择。

但鉴于前文提到的国内食盐摄入量大大超过推荐摄入量，建议大家对每天的盐摄入量适当进行控制，而不是一味把目光放在食盐是否加碘这个问题上。毕竟，摄入的食盐少了，通过食盐摄入的碘也会减少。

【辅助阅读】碘元素的作用及缺碘的危害

碘是人体的必需微量元素之一，在体内主要用于合成甲状腺激素。甲状腺激素除增强新陈代谢外，还具有促进生长发育，尤其是脑发育的功能，所以碘也有“智力元素”之称。当人体碘缺乏到一定程度时，可因甲状腺功能紊乱而导致“碘缺乏病”。“大脖子病”或者“甲状腺肿”，就是碘缺乏病的一种。

5月15日是“全国碘缺乏病宣传日”，也被称作“全国碘缺乏病防治日”，它是为了提高国民对“碘缺乏病”危害的认识，促进国民身体健康而设立的。

碘缺乏的表现会因为人体生长发育阶段的不同而有差异。成人缺碘可能会导致甲状腺功能减退，或患甲状腺肿大症，也就是我们常听说的“甲状腺肿”；儿童和处在青春期的青少年缺碘，则会影响其骨骼、肌肉、神经和生殖系统的生长发育。孕产妇缺碘会影响胎儿的脑发育，和婴幼儿碘缺乏一样，易患“克汀病”（也叫呆小症）。

【辅助阅读】食用加碘盐的重要性

预防碘缺乏其实很简单：找到它，摄取它。两步搞定。

自然界中的碘主要来源于海洋，所以海产品中富含碘化物。其中以海藻的碘含量最为丰富，经常被用于提取纯碘。

人们可以通过膳食、饮水、空气等多种途径摄取碘。其中，膳食途径摄取的碘占80%～90%，饮水和空气途径占很少一部分。

海藻是一类植物的统称，许多人喜欢吃的紫菜，其实就是海藻的一种。除了海藻，海产品还包括了贝类、海带、海鱼等。

说到这里，成长于海滨城市的笔者忍不住想起了家乡美味又平价的各色海鲜。可是，没有海产品的地方怎么办呢？不爱吃海鲜怎么办？对于少吃海产品的群众，可以通过食用加碘盐的方式进行碘元素的补充。食盐加碘是国际公认的防治碘缺乏病的主要措施。

公共卫生政策的制定要根据科学的调查和实验，而不是根据民意，也不是根据想象力。“2000年印度政府本着顺应‘民意’暂停了食盐加碘政策，结果没过多久，碘缺乏病又在各地重现，2005年印度政府只好恢复食盐加碘，禁止销售非加碘食盐。”这就是典型的例子。

育龄妇女、孕妇、哺乳期妇女、胎儿、婴幼儿、学龄儿童和青春发育期的孩子等，是容易受碘缺乏危害的主要人群，这部分人群处于特殊的生理阶段，在同样的生活环境中，他们最易遭受缺碘的威胁，因此在日常生活中尤应注意碘的补充，千万不能听信谣传。

结论

继续实施食盐加碘策略，对于提高大部分地区居民的碘营养状况十分必要。沿海地区自然环境中的碘含量并不高，食用加碘盐一般也不会造成碘过量。加碘盐可以满足人们对碘的部分需求。结合盐的摄入量水平和加碘盐中碘的含量，正常食用加碘盐并不会导致碘摄入超标，是安全的。大家不妨留意自己每天食用的盐有多少，在控制好食盐摄入量的同时也可以控制碘的摄入量。

五 吃盐多会让人变傻吗?

谣言

美国科学家于2018年1月14日在英国《自然·神经科学》（*Nature Neuroscience*）杂志上发表了一项来自威尔康奈尔医学院的小鼠研究。该研究表明，高盐饮食可引发大脑认知功能缺陷。一些网友却因此断言：“吃盐多了会让人变傻。”

【谣言来源】

https://baijiahao.baidu.com/s?id=1594178875864054281&wfr=spider&for=pc

盐吃多了，人会变傻还会变丑！居然是真的

吃喝玩乐你我同行
百家号 03-06 17:11

我们每天都会吃盐，口味比较重的还吃得不少，有人说，吃多了盐多喝两口水不就行了，呃……并不是这么简单呢！

有时喝完一口水就发现，脸……肿了，盐(钠)吃得越多，人体内潴留的水分就越多，这种妨碍细胞正常代谢的情况一旦出现，水肿就一点都不奇怪了，不仅会变丑，还会变傻，还有更惨的……

辟谣

长期大量吃盐对人体有害已被证实，这次美国科学家的最新研究为多吃盐对大脑产生不利影响提供了最新证据。但要注意，这项研究是在小鼠身上进行，实验所用的食盐量比正常健康饮食多8～16倍，直接解读成“吃盐多会变傻”属于夸大其词。实际上，人们每天盐的摄入量不超过6g，完全不用担心会对智力有什么影响。

长期大量吃盐有什么危害?

盐作为日常生活中必不可少的一部分，必然受到很大关注。此前，《英国医学期刊（BMJ）》刊登的一项研究就声称：全球民众只要少吃10%的盐，每年就能有百万条生命被拯救。那么吃盐的危害又有哪些呢？接下来，我们一起看看。

（1）影响钙的代谢；

（2）引发心脑血管疾病；

（3）可能导致肾脏损伤；

（4）对皮肤不好；

（5）增加胃癌发病率；

（6）可能导致睡眠猝死等。

吃盐多会让人变傻吗?

美国科学家于2018年1月14日在英国《自然·神经科学》（*Nature Neuroscience*）杂志上发表的一项来自威尔康奈尔医学院的小鼠研究。研究表明，高盐饮食可引发大脑认知功能缺陷。

研究中用含有4%或8%盐（等于比正常健康饮食多8倍或16倍盐）的食物喂食小鼠，结果显示：实验组小鼠大脑皮层的血流量下降28%，仅8周后海马区血流量下降25%，并且，在多项行为测试中表现也明显比对照组小鼠更差。在迷宫测试中，实验组小鼠明显有种“找不着北”的感觉；在筑巢方面也很迟钝；在物体识别测试中，实验组小鼠方向感较对照组小鼠差了很多。

科学家进一步研究发现：这种血流量的减少与内皮细胞产生的一氧化氮减少有关，可能都始于肠道中的适应性免疫反应，即为了响应高盐摄入，白细胞过量产生白细胞介素17（IL-17），而IL-17是一种可以减少内皮细胞中一氧化氮的蛋白质。但是，高盐饮食的这种反应已经被证明是可逆的，在恢复正常饮食四周后，小鼠大脑血流量正常化。

因此科学家推断：高盐饮食会影响大脑健康，是因为肠道与大脑之间，可以通过脑-肠轴进行沟通，并调节大脑的发育和改变宿主的行为。

脑-肠轴是大脑和胃肠道之间紧密连接的双向神经体液交流系统，高盐饮食会导致肠道免疫系统发生变化，进而引发认知功能缺陷，但是改变生活方式可扭转这一结果。

这项研究揭示了一种新的肠胃与大脑的连接。

但是别对吃盐感到恐慌，因为，这个实验有一些值得注意的地方：

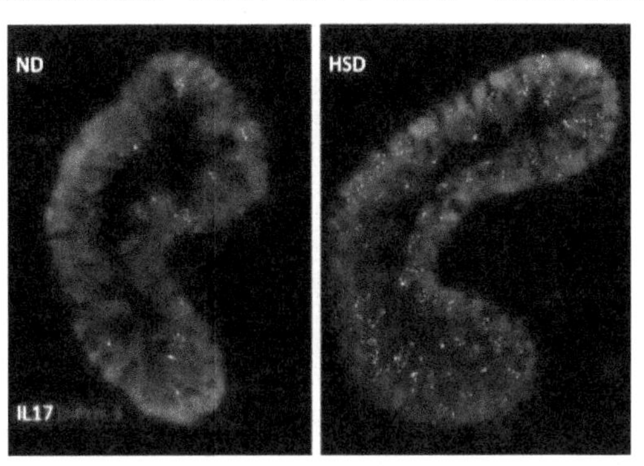

小肠白细胞荧光图像，白色代表IL-17，左图是正常小鼠白细胞；右图是喂食8周高盐饲料的小鼠细胞。

（1）实验对象：这项研究只是在小鼠身上进行，在人体身上还没有做过具体研究。因此对于人体到底摄入多少盐才会导致迟钝，并没有可靠的研究证明。

（2）实验剂量：实验所用的食盐量比正常健康饮食多8～16倍，而我们正常生活里就算是重口味的人，也很难达到这么高的摄盐量。

所以，将实验结果直接解读成“吃盐多会变傻”属于夸大其词。实际上，人们每天盐的摄入量不超过6g，完全不用担心会对智力有什么影响。

【辅助阅读】每天盐的摄入量建议

（1）根据《中国居民膳食指南（2016）》推荐：每天盐摄入量不超过6g。

（2）根据世界卫生组织推荐：钠的摄入量为每天不超过2g。

虽然只是新观点的出现，但是各位重口味的朋友还是要注意控制盐的摄入量，毕竟吃盐过多对身体的危害是很大的。大家食盐时可以参考以下建议：

（1）用酱油等调味品时，用点、蘸的方式，而不是一次性将酱油都倒进菜里面，尽可能减少盐的摄入。要知道，每6mL酱油所含钠离子，相当于1g盐中钠离子的量。

（2）多吃有味道的菜，如洋葱、番茄、青椒、胡萝卜等食物，用食物本身的味道来提升菜的口感，尽量在烹调过程中少加盐。

（3）多采用蒸、烤、煮等烹调方式，多享受食物天然的味道，少放盐，而对于放了盐的汤菜，避免喝菜汤。

（4）肾功能不全患者、血钾高的人群、低血钠患者应该少吃盐。

结论

美国《科学引文索引》文章里的这项研究，只是为多吃盐对身体有危害提供一个新观点而已，大家没有必要感到恐慌。因为目前并没有在人体做过具体的相关研究，且其实验剂量远超过了人们对食盐的正常摄入量，因此，吃盐多会让人变傻的观点仍有待考证。

六 胶带捆扎蔬菜甲醛超标10倍吗？

谣言

在超市和农贸市场，常会看到被捆成一小捆的蔬菜。捆扎蔬菜不仅方便市民购买，也有利于商家营销。胶带与旧时候捆扎蔬菜所使用的草绳相比，既美观大方，又干净利落。捆绑蔬菜的胶带几乎没有重量，人们也不必担心商家用绳子压秤。虽然捆扎蔬菜有着许多便民优点，但近日网上热传：“捆扎蔬菜的胶带甲醛超标10倍，有毒。”

【谣言来源】

www.360doc.com/content/16/0615/11/34310144_567925473.shtml

千万人在用的知识管理与分享平台  我的图书馆

太可怕！胶带绑的蔬菜甲醛超标10倍！洗都洗不掉！

2016-06-15 观赏鱼之夏 来源 阅 491 转 2 分享：微信 转藏到我的图书馆

每次去超市买菜，看见一捆捆摆得整齐的蔬菜，会让人想要购买的欲望，可是，你知道么？超市里面捆扎蔬菜的胶带对人体绝对是有害的！

辟谣

使用胶带捆扎的蔬菜由于胶带用量少，因此甲醛在蔬菜中的残留量极低，可以忽略不计，因此使用胶带捆绑的蔬菜，其通过胶带所带入的甲醛含量并没有达到超标10倍的水平，捆绑蔬菜的胶带无毒，通过胶带捆扎的蔬菜可以放心食用。一切脱离剂量谈的毒理均属于妄言，而“捆扎蔬菜的胶带有毒”和“甲醛超标10倍”均是脱离剂量谈毒理的典型谣言案例。

胶带是否含有甲醛

许多消费者关心，那胶带到底含不含有甲醛？

目前国内缠菜胶带多数属于工业级胶带，塑料膜和黏合剂虽然比较稳

定，但是工业胶带中会带有苯类、甲醛、重金属等有害物质。胶带表层印刷部分油墨中的苯类物质会通过蔬菜表皮向蔬菜内部迁移，胶黏剂中含有甲醛，甲醛以尿素甲醛树脂（透明的热固性塑胶）的形式存在。塑料膜和黏合剂的生产过程中，由于聚合不完全或溶剂挥发不完全，确实可能会有少量甲醛、苯等小分子残留。这意味着胶带中有可能残留甲醛。

但常见的胶带由基材和黏合剂两部分组成。平时捆扎蔬菜用的胶带一般以塑料膜作为基材，再涂抹粘合剂，从而制成胶带。塑料膜和粘合剂都是聚合物，常温放置很稳定，因此降解释放大量甲醛的可能性极小。

胶带中若存在甲醛，其含量水平为多少？

若胶带中残留了甲醛，那么当中的甲醛水平大概是多少？2016年7月，针对市民的顾虑，深圳市质检院、食药局在当地6家超市随机抽检了11个胶带捆绑蔬菜样本，对胶带直接接触部分的蔬菜甲醛残留量和甲醛迁移量等指标进行检测。结果表明，11个蔬菜样品中并未检出甲醛，11个胶带仅检出微量的甲醛（范围在0.13～0.19mg/dm^2）。参照GB9690—2009中的评价标准胶带甲醛的迁移量最高为2.5mg/dm^2，实验中检测出胶带的甲醛迁移量均低于检出限，所以大家不需要担心胶带甲醛残留量会达到中毒的程度。

食用胶带捆绑蔬菜的正确方法

可能还是有读者不放心胶带捆扎产生的甲醛，毕竟有残留。甲醛易挥发、溶于水，清洗、烹饪过程可以去除，残留累积的可能性小。即使在蔬菜表面有少量甲醛残留，在摘菜、洗菜、炒菜的过程中也可以去除。如果实在担心，也可以直接将胶带接触部位切除。

结论

检测数据表明，胶带的甲醛残留并没有传说中那么可怕，至少报道中提到的“甲醛超标10倍”的说法是夸大其词，被证实为食品谣言之一。胶带的确会释放微量的甲醛，但释放的量处于安全范围内。与胶带残留的甲醛相比，蔬菜甲醛残留量更是微弱，此次检测结果显示未检出，这主要是因为蔬菜捆扎用的胶带很窄，且胶带与蔬菜接触时间较短，同时甲醛的水溶性和挥发性很强，很难在蔬菜表面形成积累。所以，虽然捆绑蔬菜的胶带有残留甲醛存在，但其残留量在检出限以下，而在蔬菜中的残留更微乎其微，可以忽略不计；蔬菜中甲醛的剂量不足引起食品安全问题，大家可以放心食用。

七 葡萄含糖量高，吃了会长胖吗?

谣言

葡萄为葡萄科葡萄属木质藤本植物，为著名水果，可生食或制葡萄干，也可酿酒；酿酒后的酒脚可提取酒食酸，它酸甜可口，深受大家喜爱。但是由于葡萄所含糖分特别高，所以网上有人说：“葡萄含糖量高，吃了会长胖。”

【谣言来源】

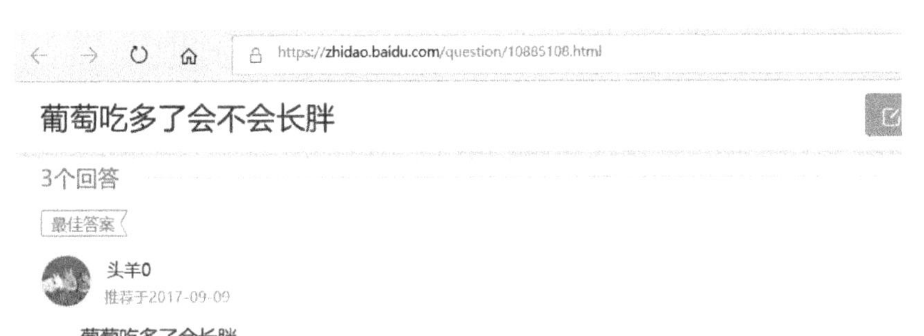
https://zhidao.baidu.com/question/10885108.html

葡萄吃多了会不会长胖

3个回答

最佳答案

头羊0

推荐于2017-09-09

葡萄吃多了会长胖。

因为葡萄属高纤、高钾的特性，也是高糖的食物。葡萄含有大量的葡萄糖、果糖等各种糖类，当满足人体提供能量需要之后有剩余转化为脂肪可能变胖。葡萄当中实际上还是含有了大量的糖分，虽然说营养丰富，对人体又有着非常多的好处，但是含糖量高也的确是一个不可忽视的问题。含糖量高就意味着热量高，而食用过多的时候也必然会造成身体发胖了，所以多吃葡萄会导致发胖的。

辟谣

如果只吃葡萄，每天要吃超过九斤，才有可能会长胖，而且在相同质量下，苹果和香蕉的含糖量比葡萄更高。要想不长胖，控制能量摄入以及保证饮食结构的均衡很重要。根据中国的膳食指南，水果的每天摄入量为200～350g。

什么原因会引起长胖?

一是能量摄入过多。如果膳食能量供给大于机体实际消耗量，就容易造成肥胖。一个轻-中等体力活动水平的成年人，一天的能量需要量约为8360kJ（2000kcal）。这个数不能少，少了人会疲惫，但是高于这个数，则有可能发胖。

二是饮食结构不合理。一天的膳食中供能营养素包括碳水化合物（糖类）、蛋白质和脂肪。在能量摄入合理的情况下，如果营养素搭配不好，也可能导致肥胖。根据供能比计算，成年人每天的推荐摄入量为：碳水化合物约300g，蛋白质和脂肪各约60g。

葡萄含糖量高，吃了会长胖吗?

从能量角度分析，100g的葡萄含有179.74kJ（43kcal）的能量，若全天只吃葡萄，要吃4500g（9斤）的葡萄才接近膳食能量需要量。真的有人会只吃葡萄而且吃这么多吗？平时吃一小串（100g）葡萄摄入的179.74kJ（43kcal）能量意味着什么呢？意味着只要走路11min或者跑步5min就可以消耗掉。而且，从营养素角度分析，葡萄的营养价值还算不错，可以提供不少人体所需的微量元素。

结论

避免长胖很容易：一日三餐营养摄入不要过多，保证食物多样性，每天40min的运动，早睡早起，更重要的是保持一个良好的心情。担心吃水果会影响减肥的不要再担心了，每天就算吃到饱也不会增加太多热量。而且有些水果膳食纤维量还挺高，适合减肥。

八 水果的皮农残高会损害健康吗？

谣言

水果是指多汁且主要味觉为甜味和酸味，可食用的植物果实，不但含有丰富的营养，而且能够促进消化。水果皮中也同样含有丰富的营养元素。但是网上却有人说：“水果皮没什么营养，而且现在的果皮农药残留很多，所以吃水果应该削皮，否则会损害健康。”

【谣言来源】

https://iask.fh21.com.cn/question/104418690.html

请输入您要查找的内容

医生回答专区

熊苗 营养师 V 中国营养学会 知名专家 因不能面诊，医生的建议仅供参考

向TA提问 帮助网友：42368 收到了：0 封感谢信 0 个礼物

因为许多水果上都有农药残留，为了自身的健康最好是削皮后再吃。尽管果皮维生素含量高于果肉，但果皮中的农药残留量也比果肉高出许多倍。这些残留在果皮上的农药用清水很难洗掉，为了您的健康，吃水果能削皮的还是削皮好，特别是那些外皮鲜艳的水果，除非确是绿色水果。

辟谣

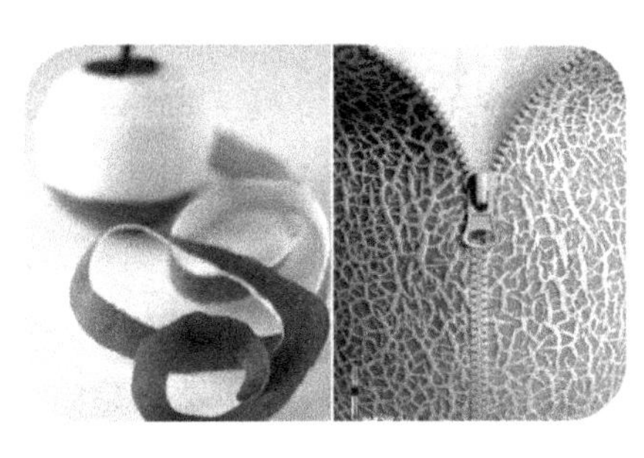

正规来源的水果，果皮农药残留不值得担心。就算果皮中有农药残留，一般经过清洗后，农药残留并不多，几乎不会影响健康。果皮中含有不同于果肉的营养物质，但是就算削皮吃，营养损失也不值一提，我们完全可以从别的食物中补回来。

果皮有营养吗?

从构成来看，果肉占整个果实的比例较大，营养素含量也较多。果皮与果肉相比，糖分、水分、水溶性物质相对较少，而某些活性成分相对较多。

举几个例子，苹果皮中的多酚含量是果肉的3倍，占整个果实多酚含量的40%～50%，而有报道，苹果中的三萜类成分则仅含在果皮中。葡萄同一品种不同部位原花青素含量高低排序为是种子＞果皮＞果汁。柑橘果皮中含有果胶20%～30%，橘香油0.2%，橙色素0.2%；而果肉含水量高达80%，果胶含量只有0.41%。

从这三个例子可以看出，果皮是有一定营养价值的，而且和果肉的营养价值不同。但是果皮的营养成分是不是只能从果皮中获得呢？答案是否定的。

果皮的营养能否从其他途径补充?

果皮中的营养物质在其他植物身上都能找到。例如苹果皮多酚，多酚类物质在自然界中存在广泛，几乎所有五彩缤纷的植物都含有它，喝茶都能获得大量的茶多酚；三萜成分也广泛存在于米糠油、大豆油、菜籽油、玉米油中。再加上果皮本身的量就少。

所以，吃水果不吃皮完全不用担心损失什么营养物质。我们完全可以从别的食物中补回来。甚至多吃几口蔬菜就补回来了。

果皮上的农药残留会损害健康吗?

我们再来看看农药残留问题。如果收获期与病虫害发生的高峰期重合，农民很可能打破安全间隔期，把打药后未到半个月的农产品卖掉，所以农药残留超标的可能性较高，但不代表肯定超标。有研究对市场上200个苹果样品中的农药残留进行了检测，仅有0.5%的样品超标。再加上最后的清洗阶段，入口水果的农药残留并不多，几乎不会影响健康。

还有一组数据是关于蔬菜的，其结果与水果类其实也差不多。截至2016年8月16日，广东省各地快检蔬菜和水产品65.8万批次，合格率99.61%，筛查发现和销毁了2547批次12946.21kg的快检不合格食用农产品，其中蔬菜类2250

批次11410.96kg，水产品类297批次1535.25kg。”（摘自2016年8月2日《中国质量报》）

大型超市有固定的供应商，总部配备生鲜检测中心，部分门店也有检测室，总体上农药残留是符合国标的；农贸市场如果有检测室，会把当天的检测情况公示。所以从大型超市和设有检测室的农贸市场购买的果蔬自然是可以放心的，是不会损害身体健康的。

总结

正规来源的水果，果皮农药残留不值得担心，想吃就洗干净，痛痛快快地吃。但如果还是心里过不了这一关，就削皮吃吧，营养素损失也不值得一提！

九 皮蛋重金属超标，吃多会影响身体健康？

谣言

皮蛋是我国传统的蛋制食品，主要原材料是鸭蛋，口感鲜滑爽口，微咸，色香味均有独到之处，深受广大人民的喜爱。但是网上有人说：“皮蛋中的重金属铅超标，不建议大家多吃，会影响身体健康。”

【谣言来源】

https://baijiahao.baidu.com/s?id=1590271735962477872&wfr=spider&for=pc

为何不建议大家多吃皮蛋？原来是这么回事

每日营养学
百家号 01-22 14:10

重金属超标

腌制、制作皮蛋时，会加入生石灰、纯碱、食盐、植物灰等，将其搅拌，进行腌制，这些会影响健康，一不小心，出现重金属超标。

其中以铅离子，最明显。过多的食用，危害真的不小。

辟谣

如今的皮蛋在制作时，常采用代铅工艺以减少皮蛋中铅的含量，防止重金属铅超标。正常食用不会影响身体健康。但是并不提倡过多食用皮蛋，不光是铅的问题，胆固醇偏高、盐摄入过量也是大问题！

皮蛋中的重金属铅超标吗？

如今的皮蛋在制作时，常采用代铅工艺。代铅工艺是利用铜、锌、铁等金属代替传统腌制中使用的氧化铅。通俗来讲，就是在皮蛋腌制中不会加入氧化铅，也就不会引入那么高含量的铅。自2015年12月起，皮蛋国家新标准正式实施。国家新标准要求皮蛋一律采用无铅工艺生产，这就意味着传统皮蛋加工工艺正式退出历史舞台。下图是南京农业大学周黎的综述文献，代铅技术在保持皮蛋口感的同时也会大大降低铅的含量。

2016年11月 第6期 南京晓庄学院学报 JOURNAL OF NANJING XIAOZHUANG UNIVERSITY Nov. 2016 No. 6

皮蛋加工及食用安全性研究

周 黎[1]，王菩菩[2]，刘 玮[1]，徐 萌[1]，马志方[1]，彭增起[*1]
（1. 南京农业大学 农业部农畜产品加工与质量控制重点开放实验室，江苏 南京 210095；
2. 南京晓庄学院 食品科学学院，江苏 南京 211171）

皮蛋能够多吃吗？

使用代铅技术可以大大降低皮蛋中的铅含量。代铅技术中皮蛋含铅量平均为0.28mg/kg，传统技术制作的皮蛋铅含量则为0.76mg/kg，后者约为前者的2.7倍。为什么要知道皮蛋中的含铅量呢？这就关乎人体内的一个指标——血铅。血铅就是人体中铅元素含量，根据国际诊断标准：人体正常血铅水平：0～99μg/L，超过这个范围就会导致铅中毒。成人铅中毒会出现疲劳、情绪消沉、心脏衰竭等症状；孕妇会出现流产、死婴、婴儿发育不良等症状；儿童会出现食欲不振、胃疼、失眠等症状，严重会导致死亡。普通成年人为了维持血铅含量在正常范围内，不建议过多食用皮蛋。

一个皮蛋大约重60g，如果食用一个传统技术腌制的皮蛋，那么就会摄取约45.6μg的铅，食用一个代铅技术生产的皮蛋，就摄取约16.8μg的铅。然而这一数据是指完全吸收铅的含量，实际中并不是如此。在实际中孕妇和儿童对铅的吸收量可高达50%，而普通成年人仅为10%～15%。对于孕妇以及儿童来说，食用皮蛋导致铅中毒的概率远高于普通人，因此，建议孕妇以及儿童尽量少吃皮蛋。

不过不用紧张，目前国家要求皮蛋加工要进入“无铅时代”，同时设定的国标GB2762关于污染物的指标要求，规定新生产的皮蛋含铅量必须在0.5mg/kg以下。

皮蛋的营养素：

营养素	100g含量	营养素	100g含量
碳水化合物	4.5g	维生素A	215μg
蛋白质	14.2g	维生素E	3.05mg
热量	715.77kJ（171kcal）	钠	542.7mg
脂肪	10.7g	钙	63mg
硒	25.24μg	钾	152mg

从表中可以看出，皮蛋中含有的矿物质元素十分丰富，含有的维生素对人体也是有利的，并且能够提供人体一定量的碳水化合物、蛋白质、热量等。但是钠的含量比较高，对高血压的人群不建议经常食用皮蛋，这是由于摄入的钠越多，高血压发病率就越大。

总结

目前的皮蛋虽然大多采用无铅生产技术，然而并不代表皮蛋中不含有铅，而是指含铅量低于国家规定标准。对于儿童以及孕妇，由于他们对铅的吸收比较高，因此建议小孩以及孕妇少吃皮蛋。普通成年人为了维持血铅含量在正常范围内，也不建议多食皮蛋。由于皮蛋的钠含量较高，建议高血压患者不要食用。

所以，就算你再爱皮蛋，一天十个也是不可取的，不光是铅的问题，胆固醇偏高、盐摄入过量也是大问题！

十　中国人蒸大米的方法等于蒸砒霜？

谣言

BBC是英国最大的广播新闻机构，在全球都有影响力。近日，一篇名为《BBC警告：中国人最习惯的煮饭方法，竟然会吃进最多砒霜》的文章在朋友圈里流传，不少网友纷纷感叹：“我们煮饭的方式竟然会吃进砒霜，吃多了肯定会中毒的啊。”

【谣言来源】

https://baijiahao.baidu.com/s?id=1561123464385373&wfr=spider&for=pc

蒸大米水加错 吃下去的饭竟然比砒霜还要厉害 大家一定要注意了

辟谣

在不洗米的情况下，如果每天吃含砷最高限量的米饭，吃到中毒死亡，需要吃3kg左右。所以，中国人的煮饭方式没有问题。谣言夸大其实，歪曲了原实验的结论。

传统煮饭方式有“砒霜”残留吗？

在BBC《相信我，我是医生》节目中，北爱贝尔法斯特皇后大学的安迪·马哈尔格教授比较了三种不同的煮饭方法：

第一种煮饭方式是：两杯水煮一杯米，把水与米留在锅里，直到所有水分干透。也是咱们中国人最常见的一种煮饭方式。

第二种是：五杯水煮一杯米，米饭煮好后，把多余的水分倒掉。

第三种是：把一杯米用水浸泡过夜，到第二天把水倒掉，然后用第二种方法煮熟。

马哈尔格教授实验结果如下图：

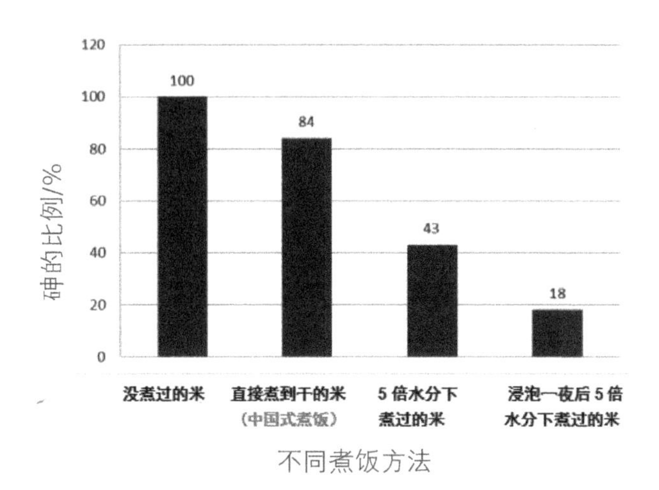

咋一看该图，结果确实“惊人”：第一种煮饭方法，也是中国人传统的煮饭方法，“砷”残留量竟高达84%，而砷的合成物中，最有名的就是砒霜，虽然节目中还说：也不用过于担心，使用他推荐的煮饭方法，可以脱去大米中80%的砷。但是，就算按照我国传统的煮饭方式，就应该担心吗？

传统的煮饭方式，吃多了会中毒吗？

砷广泛存在于自然界中，分有机砷和无机砷两种。一般所说“有毒的砷”是指无机砷，如三氧化二砷就是其中一种无机砷，也是大家广为熟知的砒霜。正常成年人摄入砒霜0.005～0.05g就会中毒，一般摄入0.1～0.2g就会导致死亡。算是毒性大的化合物。

中国对无机砷，包括大米中无机砷的控制是走在世界前列的。根据我国国家标准《食品中污染物限量》的规定，每千克大米中无机砷含量不能超过200μg。我们来大致算一下，米饭的含水量一般是70%，如果每天吃该含砷最高限量的米饭，吃到中毒死亡，需要吃3kg左右。这还是不洗米的情况，只要淘米一两次，无机砷含量会大幅下降。这就意味着，每天吃10kg米饭都不一定中毒。

更何况，残留的砷还不一定全部是无机砷，还有一部分是有机砷。有机砷的毒性几乎可以忽略，因为有机砷的结合形态和化合价与无机砷不同。虽然毒性机理比较复杂，但是结论是经过科学家实验验证的。

更何况，我们人体的代谢能力很强，砷在吸收之后会分布到肝、脾、肾、肺、消化道，然后在暴露后四周之后大概只在皮肤、头发、指甲、骨头、牙齿还存有少量，其他的都会迅速地被排除掉。有机砷中，砷甜菜碱在体内不经过生物转化即从尿排出，而砷胆碱大多数转化为砷甜菜碱后由尿排出。

结论

中国式的煮饭虽然砷残留量比其他煮饭方式高，但是也完全不用担心中毒的发生。除非一个人挑战一天吃几十千克米饭。

当然，如果你还是担心，按照节目中推荐的方法煮饭也可。但是，长时间用水浸泡，可降低大米表层中所含的砷含量，也会导致大米所含有的其他维生素丢失，从而降低米饭的营养价值。

对于婴幼儿而言，也可相应地做一些预防措施，不要让米糊成为唯一的谷类辅食，可以轮换搭配一些龙须面或燕麦片，保持口味的多样化；如果自制米糊，可以用精米稍稍淘洗一下，煮得软烂些，配少量的肝泥或者肉泥。幼儿则需要注意食物的多样化，不要让米饭成为幼儿唯一的主食；尽量给宝宝吃水果，而不是榨汁。

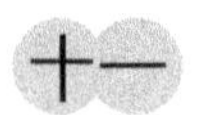

十一 隔夜的凉白开水有大量细菌不能喝吗?

谣言

人是水做的，水是生命的源泉，很多人在过去一直认为凉白开水是最健康的，但是有人却说“隔夜水不能喝，因为隔夜后会有大量细菌生长，喝了以后堪比慢性毒药”。

【谣言来源】

https://www.qqtn.com/health/150523_1.html

腾牛健康网：实用的健康养生网站，助你健康生活每一天

腾牛健康网 www.qqtn.com 实用的健康养生网站!

首页 季节养生 饮食养生 人群养生 中医养生 运动养生 心理健康 生活保健

当前位置：首页 → 生活保健 → 生活常识 → 隔夜水为什么不能喝 喝隔夜水的危害

隔夜水为什么不能喝 喝隔夜水的危害

时间：2016/8/20 8:57:00 人气：141 编辑：腾牛小编

隔夜水为啥不能喝

喝隔夜水对健康不利，自来水虽然经过消毒、过滤，但仍然有一定的细菌，开水隔夜，37°C时最易细菌生长繁殖，同时水中的亚硝酸盐含量因隔夜会上升，喝这种水易致病，因此一壶水喝三天是一个不好的习惯。

辟谣

凉白开水中的微生物很少。烧开的凉白开水中的营养物质非常少，就算空气中有一些微生物进入，也很难生长，而且这个时间是很漫长的，绝不会因为一天就会变成一杯菌水。

刚烧开的自来水安全吗?

食品是存在保质期的，水也不例外。更深层次地讲，我们日常喝的水大部分是地下水或者是地上河水，即使经过工厂的杀菌消毒，最终到达家庭的自来水仍旧存在着一些致病微生物，如细菌、病毒、寄生虫或虫卵等。但是，水一旦被烧开，大部分的致病微生物被杀死，此时微生物的残余量是符合安全标准的（标准见下表）。

水质微生物常规指标及限值评价

指标	限值
总大肠菌群/（MPN/100mL或CFU/100mL）	不得检出
耐热大肠菌群/（MPN/100mL或CFU/100mL）	不得检出
大肠埃希氏菌/（MPN/100mL或CFU/100mL）	不得检出
菌落总数CFU/100mL	100

水质微生物非常规指标及限值

指标	限值
贾第鞭毛虫/（个/10L）	<1
隐孢子虫/（个/10L）	<1

小型集中式供水和分散式供水部分水质微生物指标及限值

指标	限值
菌落总数/（CFU/100mL）	500

隔夜的凉白开水会有大量细菌生长吗?

自来水在烧开的过程中大部分的致病微生物会被杀死，但是当烧开的开水敞开放置冷却到室温后，空气中的微生物又可能会进入水中，在水中繁殖。很自然地，时间越久，凉白开水中的微生物数量就会越多。但大家不要担心，这个时间是很漫长的，绝不会因为一天就会变成一杯菌水，因为烧开的凉白水中的营养物质非常少，就算空气中有一些微生物进入，也很难生长。

同时，凉白开水的保质期不只是受烧开后放置时间长短的影响，还受其他因素的影响，例如放置凉白开水容器干净卫生程度、室温以及空气湿度，凉白开水是敞开还是密封保存，季节因素，等等。

结论

严谨的回答是：只要能够把微生物的量控制在安全标准内，隔夜的凉白开水也是健康的。不严谨的回答是：放心大胆地喝吧，一晚上不会有什么问题的。

但是小心起见，注意容器的密封可增加安全系数。

十二 泛着“彩虹绿”色泽的牛肉是变质牛肉吗?

谣言

牛肉是我们餐桌上不可或缺的主角之一，牛肉面、卤牛肉、酸汤肥牛、烤牛扒……然而我们在日常购买或烹饪牛肉制品的过程中，会偶尔发现牛肉的表面泛有以绿色为主的彩虹色斑。上网一查：“彩虹绿的牛肉是变质牛肉”。

【谣言来源】

news.fznews.com.cn/shehui/2013-5-25/2013525VQC1PEV7NM213053.shtml

福州新闻网 WWW.FZNEWS.COM.CN 新闻　新闻频道　福州　原创　图片　乌山时评　专题　宽频　图解　招商　科技　生活　家居　党建　人才　学习　理论

首页 | 福州社会 | 福建新闻 | 科教文卫 | 财经 | 深度报道 | 国内 | 国际 | 台港澳 | 新闻你来拍 | 新闻人物 | 专题

您当前所在的位置：福州新闻网 >> 新闻频道 >> 福州社会

超市牛肉卤后泛绿光　专家:铜离子超标或变质导致

2013-05-25 21:26:36　作者：任思言　来源：福州新闻网　【字号 大 中 小】

记者就此事采访市卫生局卫生监督所，工作人员告诉记者，牛肉发绿光有几种可能性。一是与铜离子有关，如果铜离子超标，可能会对人体产生危害。二是牛肉存放时间过长或存放方式不合理，表面产生大量细菌进而发生氧化反应。在不清楚是哪种原因的情况下，发现牛肉发出绿色，为了以防万一，最好不要食用。

辟谣

切片后的牛肉出现彩虹色斑属于正常情况，是可以食用的。但是，腐绿色、荧光绿的肉一定要敬而远之！

“彩虹色斑”是牛肉变质了吗？

这种“彩虹色斑”不代表肉品的腐败变质。科学家还做过实验来验证，实验发现：

（1）就算刚屠宰后的牛肉也会出现该现象，而且彩虹色斑只存在于成块的肉品中的横切面，而肉糜中和纵切面中则不存在；

（2）光源角度、观察角度等都影响切面彩虹色斑的强度和面积；

（3）在生牛肉中，不同部位的肌肉中存在的情况不同，其中半键肌中彩虹色斑现象最为明显。

所以，研究员得出推论，“彩虹色斑”是一种光的衍射现象。如下图所示：

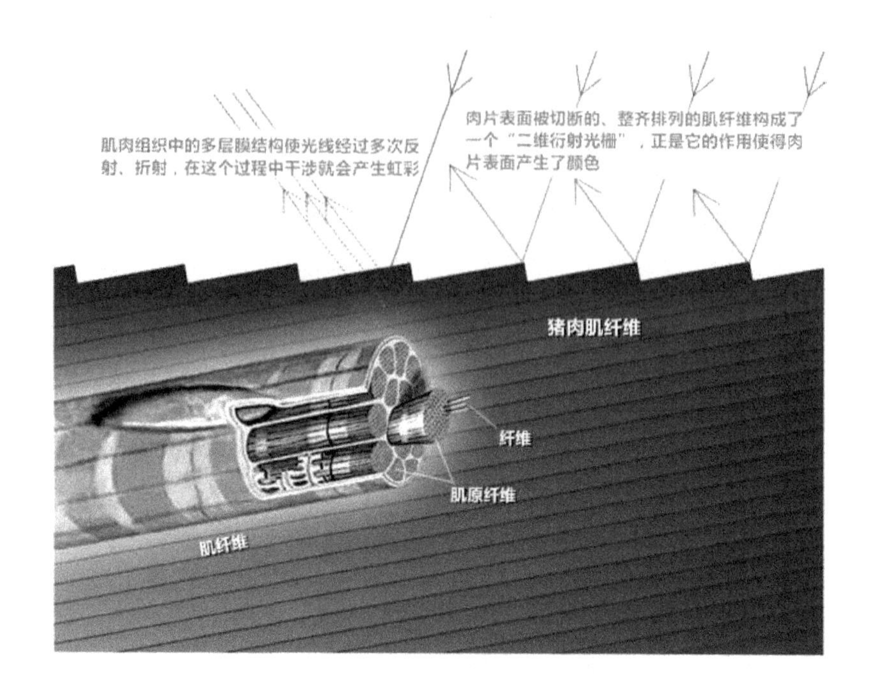

该图说明：①肉片表面被切断的、整齐排列的肌纤维构成了一个"二维衍射光栅"，正是它的作用使得肉片表面产生了颜色；②肌肉组织中的多层膜结构使光线经过多次反射、折射，在这个过程中干涉就会产生虹彩。

如果愿意尝试，大家可以在家里做点小实验。我们如果平行于肌纤维方向切割肉块就不会有彩虹色出现，但是垂直于肌纤维方向切割就会出现。出现彩虹色的牛肉经过脱水或者是冷冻，彩虹色就会消失，但是复水或解冻后会重新出现。道理同上，平行肌纤维切割和脱水冷冻都是间接破坏了肌原纤维之间规整的排列结构，使光的衍射现象不能发生，从而彩虹色现象减少。

而添加盐、亚硝酸盐、复合磷酸盐等，都会不同程度地增加彩虹色出现的机会。因为在盐类的作用下，肌原纤维的分布变得更有规则，交错结构更明显，在切割过程中肌肉表面发生衍射现象的条件更容易产生。

"腐绿色""荧光绿"是微生物的作用结果

除了上面介绍的彩虹色肉是安全的以外，由微生物繁殖导致的肉品变绿暗示肉质已经在腐败的途中。

肉制品放置时间过长，微生物就会开始分解肉中的蛋白质。此时，肉品外表发粘，切面出现褐红色、灰色或腐绿色。此外，微生物还会使得肉品中脂肪败坏，产生不愉快的酸败味，严重的话脂肪也会呈现污浊的淡绿色。所以，这样的肉品应该丢弃。

肉表面的荧光绿色也是由于微生物——磷光发光杆菌导致的。该菌在肉制品表面生长会分泌一种绿色的发光蛋白，见右图。虽然毒性测试表明这种阴森的发光蛋白对人体无害，临床上也尚未出现因食用发光畜肉、鱼肉导致发病的案例。而且，发光杆菌加热到70℃也可以很快被杀死。但是，由于发光杆菌原本就是环境中的杂菌，它的出现也暗示着肉品可能在储存或者运输过程中沾染了其他对人体有害的微生物。所以若发现肉品出现了荧光，还是尽量不要食用了。

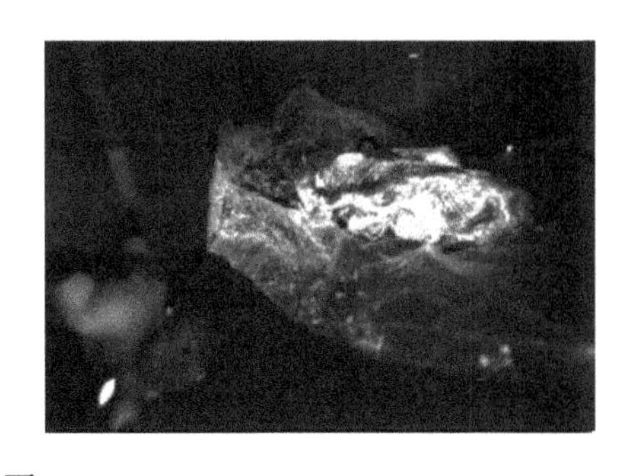

结论

彩虹色斑点的肉品与腐败变绿肉、荧光色肉是有本质区别的，归纳如下表。切片后的牛肉出现彩虹色斑是可以食用的。大家不要被谣言欺骗而浪费上好的牛肉。

特征	彩色斑肉	腐败变绿肉	荧光色肉
分布部位	成块肉的横切面	肉品表面	肉品表面
气味	正常味道	臭味、酸败味	正常味道
组织结构	正常、有弹性	发粘、无弹性	正常、有弹性
光学特征	与光源角度和观察角度有关	与光源角度和观察角度有关	仅在黑暗中可见
产生原因	衍射作用	微生物	微生物
可否食用	正常食用	不能食用	避免食用

十三 发白的巧克力是变质的表现吗？

谣言

巧克力对于甜食爱好者而言是非常有吸引力的，其具独特的风味，口感丝滑，让人有享受的感觉。不知道您是否曾经一次性买一大盒巧克力并存储在零食箱里呢？或许一段时间后，当你怀着期待打开包装时，却看到每块巧克力都蒙上一层白色“面纱”。 巧克力给无数人带来欢乐和幸福，然而只要看到巧克力表面出现白霜，人们吃前会三思。很多消费者认为：“起霜的巧克力已经发霉变质了，不能再食用。”

【谣言来源】

安全 | https://zhidao.baidu.com/question/199936940.html

巧克力的外面生一层白霜还可以吃吗？

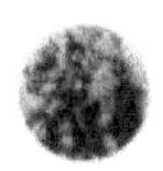

小金祥
2010-11-23

估计是坏了，最好不要吃了。

辟谣

巧克力起霜发白的现象代表巧克力发霉变质的传闻，其实是以变质之名冤枉美食的典型谣言之一。巧克力起霜主要分为两种，虽然都是白色的，但一种是油脂霜，另一种是糖霜。巧克力表面的白霜属于糖霜或脂霜，并非霉菌，因此起霜的巧克力不存在微生物问题，没有发霉变质，可以安全食用，但起霜后巧克力在观感上会相对变差。

巧克力起白霜是变质了吗？

巧克力起霜的原因是什么呢，怎样才能避免这种现象的发生呢？接下来将激起我们甜食爱好者的好奇心。首先了解一下巧克力的白霜究竟是什么物质及怎么产生的。

1．糖霜

当原材料或巧克力加工过程中进入的水分较高或是巧克力储存环境湿度过大，以及巧克力保存期密封不严，表面结露形成露珠，那么巧克力中的糖分容易被巧克力表面的水分溶出，当水分蒸发后，溶解的糖会再次结晶析出并附着于巧克力表面，呈现霜花，即为我们所说的糖霜。还有，冰箱内的温度通常在10℃以下，若将巧克力从冰箱中取出置于常温环境中，空气中的水分马上会聚积在巧克力表面，使巧克力出霜。然而，现在市售的巧克力多为密封包装，所以糖霜现象发生率比较低，我们可以通过控制加工和储存过程中的湿度来避免糖霜的出现，因此我们常看到的起霜多为脂霜。

2．脂霜

在巧克力起霜的现象中，相比于糖霜，脂霜的发生率更高，对巧克力的品质影响更大。巧克力在储存的过程中，很多时候由于储存不当会导致巧克力中的油脂发生迁移，经历融化再凝固的过程，可可脂溢出后重新凝固出现白霜包裹着巧克力。

脂霜形成的过程：脂霜首先发生在巧克力表面或内部气泡表面，在加热时产生一部分液态脂，在温度慢慢冷却时，残存有未熔化稳定晶体包围住液态脂使晶体生成。就好像抱团游戏一般：加热就好比游戏的音乐，在音乐唱响（→加热）时，游戏人员（→脂质分子）围成一圈，开始运动、分散（此时脂质分子部分开始流动变成液态脂），当音乐慢慢停止时，几个人互相抱成一团，互相包围住（→部分形成包住液态脂的稳定晶体融为一体），未与他人抱团的便独立开来（→未熔化稳定晶体包围住液态脂便分离开来而析出），从而产生我们所看到的脂霜。

巧克力脂霜的形成与巧克力中的脂肪密不可分，巧克力中的脂肪主要包括可可脂和代可可脂。有些巧克力商家会选择使用代可可脂。可可脂和代可可脂的相容性差，使之发生重结晶，从而在巧克力表面形成更大的结晶体。储存不当同样

容易使巧克力起脂霜，18℃时油脂迁移的速度很慢且未起霜，但在30℃时油脂迁移速度很快并迅速起白霜。研究发现不同温度下发生迁移的油脂组分不同。但总体而言，脂霜是从巧克力中分离出来并沉积在巧克力表面的脂肪或可可油，没有食用危险性。

所以巧克力表面白霜并非由巧克力变质所产生，主要成分为糖霜或脂霜，出现了白霜的巧克力不存在食品安全隐患。

如何避免巧克力起霜?

巧克力的起霜发生在巧克力的加工、贮存和销售的全过程。巧克力起霜后虽然不影响食品的食用安全性，但使产品观感和商品价值降低。我们可以通过以下方法避免巧克力的起霜。

从消费者的角度，购买回来的巧克力要避免高温和光线直射，可将巧克力放置于阴凉干燥处。此外，不要放置在高湿环境。在高湿环境，包装不紧密的巧克力容易在包装袋内形成一个高水分环境，很容易起霜。

若巧克力长时间冷藏，从冰箱拿出来后表面糖霜和脂霜都会生成，糖霜是因为巧克力从冰箱拿出来以后，表面的冷空气降温形成的水分使巧克力中的糖分析出，从而形成糖霜。因此在夏天，如果室温过高，巧克力最好先用塑料袋密封，再置于冰箱冷藏室储存。取出时，请勿立即打开，让它慢慢回温，至接近室温时再打开食用。在冬天，如果室内温度低于20℃，将其储存在阴凉通风处即可。

结论

巧克力表面所起的白霜与巧克力的霉变现象有本质的区别。起霜后的巧克力是可放心食用的。

通过巧克力起霜的原因和过程的分析，我们可以了解到，巧克力表面白霜的主要成分为糖霜或脂霜，从白霜的物质组成和起因分析，白霜与微生物无关，并不属于食物的霉变现象，不存在食品质量安全隐患。因此起霜的巧克力仍属健康美食，可放心食用。

如果巧克力只是起白霜，虽然影响美观，但仍是可食用的。好的巧克力的味道变化不会很大，除非是品质差的巧克力。如果味道有很大的变化就不要食用了。总的来说，巧克力还是不要存放太久，以免影响口感和出现安全问题。

十四 吃猪油会导致心血管疾病吗?

谣言

食用油安全是当今社会的一个重大问题，尤其是地沟油事件出现以后，食用油安全问题引起了人们的密切关注。猪油，作为一种经常在我们饭桌上出现的食用油也饱受争议。喜欢吃猪油的人恨不得每餐加点猪油提香，但有些人却说：“猪油含有胆固醇，会导致心血管疾病。”

【谣言来源】

https://www.qqtn.com/health/155578_1.html

腾牛健康网：实用的健康养生网站，助你健康生活每一天

腾牛健康网 www.qqtn.com 实用的健康养生网站!

请输入你要搜索的

首页 季节养生 饮食养生 人群养生 中医养生 运动养生 心理健康 生活保健

当前位置：首页 → 生活保健 → 生活常识 → 猪油和植物油的区别 猪油和植物油哪个好

猪油和植物油的区别 猪油和植物油哪个好

时间：2016/10/8 11:57:00　人气：743　编辑：腾牛小编

导读：动物油的油脂与一般植物油相比，有不可替代的特殊香味，可以增进人们的食欲。那么猪油和植物油还有哪些区别呢？猪油和植物油哪个好，下面来看看哦!

引起心血管疾病

猪油中饱和脂肪酸含量较高，容易引起心血管疾病。猪油中含有每100克中有100毫克左右的胆固醇。大量数据显示，饱和脂肪酸可提高心血管疾病的发病率，经常吃猪油容易使体内血管堵塞，从而引发心血管疾病。

辟谣

猪油比植物油多的胆固醇并不是引起心血管疾病的罪魁祸首，其实胆固醇并非是一种对人体有害的物质，它是人体组织细胞所不可缺少的重要物质。只要合理膳食，适当地摄入猪油是有益于人们健康的。

什么是猪油?

猪油，顾名思义，就是从猪肉提炼出的食用油，也叫荤油或猪大油。初始状态略呈黄色半透明的液体，在温度较低时会凝固成白色固体油脂，具有特殊香。根据从猪的不同部位提炼，可以分为板油、肥油、水油和皮油。其中，肥油就是我们常用来做菜的猪油。

猪油有什么营养

猪油是一种饱和高级脂肪酸甘油酯，其每100g主要营养成分如下表所示。

质检项目	项目指标值	质检项目	项目指标值
能量	3679kJ（879kcal）	脂肪	99.6g
碳水化合物	0.2g	胆固醇	93mg
维生素A	27mg	维生素E	5.2mg
核黄素	0.03mg	硫胺素	0.02mg

由上表可以看出,每100g的食用猪油可以给人体提供879kcal的能量，相当于3679kJ的能量，而普通调和油每100g的能量为3700kJ。脂肪含量，每100g食用猪油中含有99.6g脂肪，较调和油中100g稍低。而猪油中含有胆固醇，维生素A、E等营养物质是调和油中所没有的。

吃猪油会增大患心血管疾病的风险?

从猪油的营养成分上来看，或许有人会问，猪油比植物油多的胆固醇不是引起心血管疾病的罪魁祸首吗？其实不然，胆固醇并非是一种对人体有害的物质。相反，它是人体组织细胞所不可缺少的重要物质。胆固醇不仅参与细胞膜的形成，还是合成胆汁酸、维生素D以及一些生长激素的原料。

人体内约有70%的胆固醇会与脂肪酸结合成酯类物质，从各组织运往肝脏进而被代谢分解，从而具有降血脂的作用。只有当缺乏必需脂肪酸，胆固醇在体内代谢发生障碍时才可能造成胆固醇沉积，引发心血管疾病。因此，只要合理地膳食，胆固醇的摄入是有益我们的健康的，适当摄入猪油也能有益于我们的健康。

需要注意的是：摄入脂肪过多是引起肥胖、高血脂、动脉粥样硬化等慢性病的危险因素之一。2016年5月份修订的《中国居民膳食指南（2016）》中建议我们培养清淡饮食习惯，少吃油炸食品，成人每人每天烹调油用量不超过25～30g（见下图）。

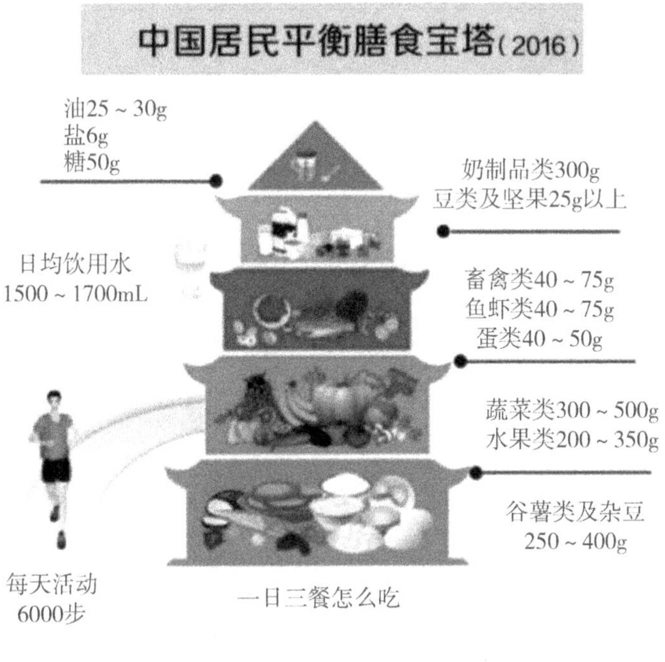

中国居民平衡膳食宝塔（2016）

油25～30g
盐6g
糖50g

奶制品类300g
豆类及坚果25g以上

日均饮用水
1500～1700mL

畜禽类40～75g
鱼虾类40～75g
蛋类40～50g

蔬菜类300～500g
水果类200～350g

谷薯类及杂豆
250～400g

每天活动
6000步

一日三餐怎么吃

结论

从猪油的营养成分及胆固醇对于人体的作用来看，很明显，猪油是能吃的，并且有益于人体健康，在正常饮食的摄入情况下完全没有必要担心。

十五 北方人的胖是因为面条吃得多吗？

谣言

由于地域的原因，南方人都很喜欢吃大米，制作简单，食用方便，营养丰富；而既可作为主食又可作为快餐的面条，深受北方人的喜爱。但是网上却有人说："面条是最容易发胖的，所以北方人都比较胖。"

【谣言来源】

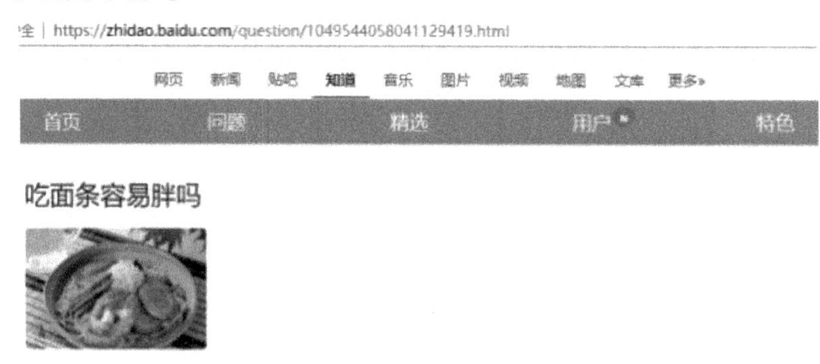

面食是最容易发胖的，但是在你吃面条的时候只要记住以上几方面就可以让你不长胖。不管吃什么样的食物，只要你掌握正确的吃法，就不会长胖。

辟谣

面条的营养价值确实挺高的，但是发胖不是由于吃面条，而是运动少、多吃、油脂摄入过多、膳食不均衡！

面条有什么营养价值

下表为100g面条中所含营养成分。

营养成分	含量	营养成分	含量
热量	1188.8kJ（284kcal）	钠	28mg
蛋白质	8.3g	钙	11mg
脂肪	0.7g	镁	39mg
碳水化合物	61.1g	铁	3.6mg
维生素E	0.59mg	锌	1.43mg
硫胺素	0.22mg	磷	162mg
核黄素	0.07mg	硒	11.74mg
钾	135mg		

从上表可以看出，面条的营养价值还是挺高的：100g面条里面含有1188.8kJ热量、8.3g蛋白质、0.7g脂肪和61.1g碳水化合物，这些能够很好地补充人体能量，并且含量较低的热量以及脂肪满足减肥爱好者的需求。面条里面含有的硫胺素以及核黄素就是常说的维生素B1以及B2，能够补充人体所需的维生素。同时丰富的矿物质元素也是人体必不可少的营养成分。因此可以看出面条里面含有大量人体所需的营养成分。

吃面条会发胖吗?

对于一名轻体力劳动的成年女性来说，一天最高摄入热量数约为8790kJ；对于一名轻体力劳动的成年男性来说，一天最高摄入热量数为10046kJ。对于劳动强度更大的人来说一天最大摄入量增加837～2511kJ（中国居民膳食营养素参考摄入量表）。因此对于要维持体形的人来说，一天摄入的热量不超过这个数值就可以了。

假如一天只吃面条，要摄入700～900g的面条，几乎一包900g的挂面。而根据经验，一餐100g干重面条就能吃得很饱了，要吃到900g，会被撑死。因此发胖是由于动得少、多吃、油脂摄入过多、膳食不均衡!

【辅助阅读】复合营养面条营养更均衡

从上面，可以看出面条里尽管含有人体部分营养成分，但是完全只吃面条不吃其他食物是不行的。为什么这么说？这是因为面条的营养成分里面还

是缺乏一些人体所需的营养成分，如维生素A、C以及人体所必需的氨基酸、赖氨酸等。因此，出现了许多在面条中加入其他成分的复合营养面条。常见的就有鸡蛋面条，鸡蛋面条可以显著提高面条的蛋白质含量，补充赖氨酸，同时增添鸡蛋的风味。果蔬类营养面条，是在面条里加入果蔬以提供面条鲜亮的颜色以及特殊的风味，并且补充维生素以及膳食纤维。因此如今的面条可以更加全面地补充营养，不会导致过度的营养缺乏。

结论

总的来说，面条不是导致肥胖的主要原因。导致肥胖的原因是，一天总摄入的热量超过消耗的热量。但是普通面条里含有的营养不能够完全补充人体需要的营养，可以搭配一些其他食材食用，也可以选择购买一些营养复合面条来食用，以满足人体全面的营养需求。

小结

本部分主要通过对"不健康"食品的谣言进行分类串联和编写，归纳出各类谣言的相同套路，并针对各类谣言套路进行举例说明。本部分按谣言的套路类型可分为以下四种，凭空杜撰型的谣言，夸大其词型的谣言，记忆偏差型的谣言和以偏概全型的谣言。

凭空杜撰型的谣言无处不在，造谣者主要是通过无中生有的常用手法进行造谣。我们需要有丰富的生活常识和科普知识，才能让这类谣言不攻自破。夸大其词型的谣言则有一个共同点，均是建立在少部分事实依据上的危言耸听，不把全部事实告诉大家，制造谣言与恐慌。如脱离剂量谈毒理和夸大其词，都是这类谣言的常用方式。记忆偏差型的谣言多数是建立在所接触到的食品与自己的认知存在的差异上。造谣者利用食物固有的特性散布食品变质的谣言。虽然其初衷是希望大家远离"变质"食品，但知识和信息的传播，必须建立在科学的态度和事实的真相之上。而以偏概全型的食品谣言有一特点，造谣者对食品知识一知半解，管中窥豹，以偏概全，既有少部分正确的知识，又有谣言的成分，迷惑性很强。造谣者通过以偏概全的手法增加谣言的迷惑性，使谣言模棱两可，似真似假，这类谣言总让读者感受到真真假假，常常不容易被辨别。

本部分中，每类谣言之间相互关联，每个谣言类别下的文章与案例也有共同的特点：吃“我”不会生病，吃“我”不会危害健康。本部分的所有谣言，都是将一个安全没有危害的食品，以各种方式扣上“不安全”的帽子。造谣的方式花样百出，但却掩盖不了其谣言的本质。希望读者以后遇到类似套路的传言时，能够准确分辨其真假。面对林林总总的谣言，我们只有通过丰富生活常识和科普知识，才能让谣言不攻自破。

03 第三部分 食物并不是药

《中华人民共和国广告法》第十八条规定，保健品广告不得含有下列内容：（一）不得含有表示功效、安全性的断言或者保证；（二）涉及疾病预防、治疗功能；（三）声称或者暗示广告商品为保障健康所必需；（四）与药品、其他保健食品进行比较等。还明确规定，保健食品广告应当显著标明“本品不能代替药物”。

虽然食物对人体健康起到至关重要的作用，但是如果对食物的价值存在错误的认识，便成了一类谣言的开始。上两部分我们对食品导致癌症、疾病两方面进行了批驳，本部分则从另一个方向批驳把食物当成成药物类的谣言。本部分精心挑选了8个把生活中常见的食品当药品的谣言来进行剖析，还食物一个本来的面目。

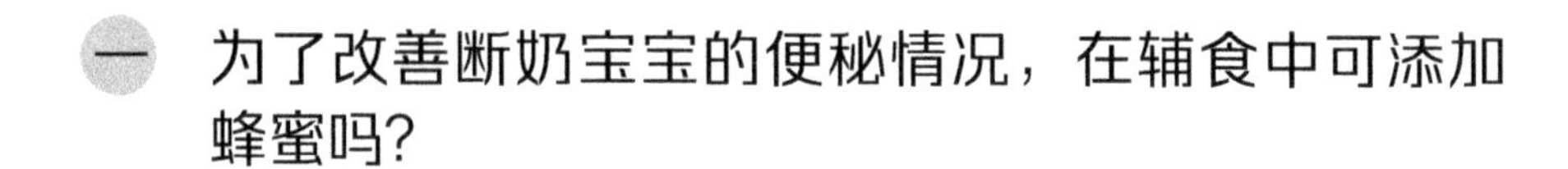

一 为了改善断奶宝宝的便秘情况，在辅食中可添加蜂蜜吗?

谣言

很多宝宝在断奶期都会遇到便秘的情况，网上有经验称：蜂蜜天然健康又能润滑肠道，添加到宝宝辅食中来缓解便秘是一举两得。

【谣言来源】

辟谣

给一岁以内的婴儿辅食中添加蜂蜜不仅没有促进肠道健康的效果，更有可能给婴儿带来生命危险！

蜂蜜并不能改善肠道健康

蜂蜜是一种含果糖的食物，它具有通便效果，只对一部分果糖不耐受的人有放。而用这种方式通便，代价是摄入很多的热量，并因为腹泻影响了肠道菌群健康。所以，谣言中“蜂蜜天然健康又能润滑肠道”是伪命题。

为什么蜂蜜会危害宝宝健康?

就算蜂蜜调节肠道健康是假的，为什么说它会给宝宝带来危害呢？因为，蜂蜜已经被确认为肉毒杆菌污染的高风险食品。据一项调查显示，10%的蜂蜜样品中可检出肉毒芽孢；美国加州20%的婴儿肉毒中毒病例食用过蜂蜜；世界范围内，35%的婴儿肉毒中毒病例食用过蜂蜜。2017年4月7日，日本东京一个出生超过6个月的婴儿因为食用了蜂蜜，引发了婴儿肉毒杆菌中毒死亡。

肉毒杆菌可能存在蜂蜜酿造、运输，甚至成品的密封罐头和瓶子中，这是由于蜜蜂在花粉采集过程中有可能把被肉毒杆菌污染的花粉和蜜带回蜂箱，且带芽孢的肉毒杆菌生命力强，在100℃高温下仍能存活。

成年人体内的肠道菌群早已稳定，少量肉毒杆菌斗不过肠道中的“地头蛇”，因而对成人的威胁较小。但是，对于婴幼儿，特别是一岁内的宝宝来说，由于他们的肠道菌群防御系统发育还不够成熟，肉毒杆菌的芽孢会在他们的胃肠道发芽、繁殖、产毒，然后毒素进入血液循环而引起中毒。

【辅助阅读】肉毒杆菌有多大危害?

肉毒杆菌是肉毒梭状芽胞杆菌的简称，是一类革兰氏阳性粗短杆状厌氧致病菌，在自然界中分布广泛，土壤和动物粪便中可以找到它的身影。虽然肉毒杆菌本身对人体没有害处，但一旦处在厌氧的环境中，就会分泌神经毒素尤其是A型毒素，被称为“天下第一毒”，毒性是氰化钾的一万倍，不到0.1～1.0 μg 的量就可导致人中毒死亡。

肉毒毒素中毒不同于一般的食物中毒，消化道症状（比如上吐下泻、肚

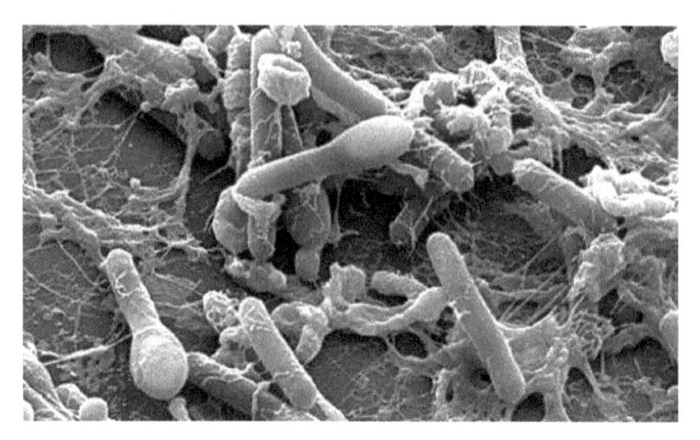

电子显微镜下的肉毒杆菌

子痛）多不明显，而是常表现为面无表情、便秘、头颈部肌肉软弱、吸吮无力、吞咽困难、全身肌张力减退等，严重的可因呼吸麻痹而猝死。

结论

早在20世纪70年代，美国首次发现婴儿因食用蜂蜜而感染肉毒杆菌中毒死亡后，就逐渐开始被各个国家的政府和人民所重视。但是直到现在，仍有部分的父母、监护人并不知道这一常识。在英国、美国、日本等国家，大多数蜂蜜制造生产商会在包装上写明“建议一岁内宝宝禁止食用”等字样，然而国内蜂蜜产品却鲜见这类警示标语。科普宣传力度大、覆盖范围广的发达国家尚且存在这方面的盲区，我们国家就更不能掉以轻心。

综上所述，绝对给婴儿喂食蜂蜜！蜂蜜对于一岁以内的婴儿不仅不利于健康，更有可能带来生命危险！科学带娃，正视蜂蜜，不要让其成为孩子的“甜蜜毒药”。

 二 不同品种蜂蜜有不同功效?

谣言

市面上可以见到各种各样的蜂蜜，商家称“蜂蜜品种不同，功效各有差异”“哪种蜜源产的蜜与该植物本身的性质相似，例如野菊花蜜和野菊花一样具有清热解毒功效”。

【谣言来源】

蜂蜜网（www.fmw.com.cn)-专业蜂蜜蜂产品网站- 最新更新文章 - 随机更新文章

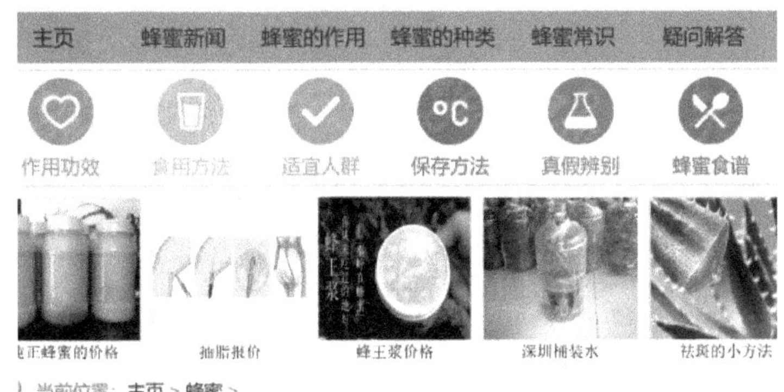

当前位置：主页 > 蜂蜜 >

不同蜂蜜种类的作用与功效

发布日期：2017-05-25 18:55 来源：小李

1、槐花蜜：槐花蜜其性清凉，具有槐花之去湿利尿、凉血止血之功效，能保持毛细血管正常的抵抗能力，有舒张血管、改善血液循环、防止血管硬化、降低血脂血压等作用，并用于预防中风，同时亦有清热补中、解毒润燥之功效。较适用于慢性病患者及心血管病人的保健食用，尤其适合老年人。

常服槐花蜜能改善人的情绪，达到宁心安神效果。中年失眠者在临睡前服用槐花蜜每能降低中枢神经的兴奋剂，起到催眠的作用，还可以避免服用催眠药物的成瘾性。蜜中还含有刺槐甙和挥发油，可抗菌、防腐和止咳;清热解毒、祛皱消斑、养颜正气、解郁通络。

2、枣花蜜：其性甘平，具有护脾养胃、润肺补虚、和阴阳、调营卫之功效，长于补血，是调制中药的上等蜂蜜，也是妇女、儿童、老年人和体弱患者的理想蜂蜜。

3、椴树蜜：其性甘温，常服本品有降低中枢神经兴奋性的作用，对维护脑细胞的正常功能有利，久服尚能增强体质。

辟谣

市面上宣传有存在不同功效的蜂蜜产品；蜂蜜的营养组成确实不同，但差异并不显著；不同的蜂蜜营养价值并没有多大的区别！

不存在的蜂蜜品种

首先请大家根据自己的经验回答一个问题：

枇杷蜜、荔枝蜜、龙眼蜜、椴树蜜、槐花蜜、紫云英蜜、狼牙刺荆条蜜、枣花蜜、棉花蜜、金银花蜜、松花蜜、桃花蜜、玄参花蜜、雪莲蜜、野玫瑰蜜、野葡萄蜜、银杏蜜、百花蜜，哪个品种不存在？

答案是，以上列举的蜂蜜中，有8种蜂蜜根本不存在，这又是为什么呢？（见下表）

不存在的蜂蜜品种	不存在原因
金银花蜜	金银花花冠长而细，蜜蜂嘴短，难以采集到蜂蜜
松花蜜	松树5月开花，此时花朵品种众多，蜜蜂基本不采松花
桃花蜜	桃花盛开在3月，蜜蜂无法存活；桃花只有花粉，无蜜
玄参蜜	自然条件下，蜜蜂无法采集玄参花花蜜
雪莲蜜	雪莲生长在海拔4千米的雪线以上，蜜蜂难以生存
野玫瑰蜜	玫瑰花雄蕊、雌蕊已退化，无蜜腺
野葡萄蜜	葡萄花只有花粉，无蜜
银杏蜜	银杏花本无蜜

不同蜂蜜存在不同功效吗？

不同的蜂蜜营养价值并没有多大的区别。

大部分蜂蜜的成分比例如下图所示。

从图可以看出，蜂蜜的主要成分是果糖和葡萄糖，占到蜂蜜的70%以上，除去果糖、葡萄糖和水以外的成分仅占5%左右。如果要说功效差异，那么只有两种可能：一是果糖与葡萄糖的含量不同；二是5%的成分中包含物质的不同。

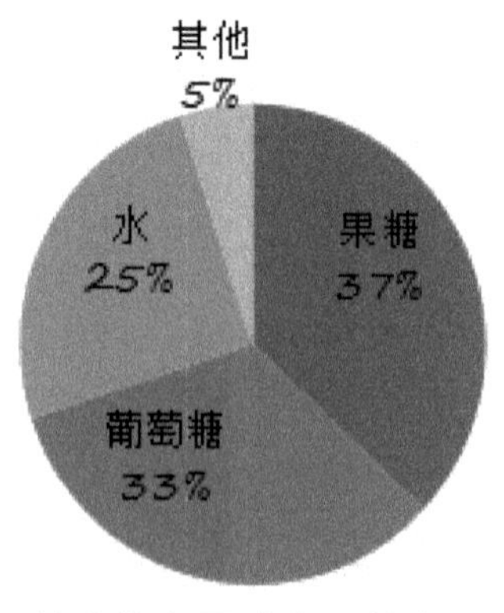

蜂蜜的主要成分及其含量

几种不同蜂蜜的果糖和葡糖糖含量如下表所示，从表可以看出，不同蜂蜜中的果糖和葡萄糖比例差别不大，两者总和占蜂蜜的60%~70%。这些数据说明蜂蜜是高糖、高热量的食品。

部分蜂蜜中果糖、葡萄糖、水的含量

样品名	果糖/%	葡萄糖/%	果糖+葡萄糖/%	含量比	水分含量比
龙眼蜜	34.46	29.28	63.74	1.18	30.27
枣花蜜	35.20	27.91	63.18	1.20	29.86
荆花蜜	37.00	33.81	70.81	1.09	24.68
益母草蜜	37.09	34.60	71.69	1.07	23.75
黄连蜜	36.86	28.65	65.51	1.36	30.86

这5%的物质为抗氧化剂，如维生素C、维生素E、酶和一些酚类物质。有数据表明：在洋槐蜜、紫云英蜜、党参蜜、黄连蜜、龙眼蜜、枣花蜜等蜂蜜中，蜂蜜总酚含量最高为2.8%（枣花蜜），最低为1.1%（洋槐蜜），蜂蜜总黄酮含量最高为0.5%（枣花蜜），最低为0.1%（野桂花蜜）。而在蛋白质方面，蜂蜜的平均蛋白质含量仅为0.16%，是华农酸奶蛋白质含量的十分之一。

蜂蜜有什么治疗功效?

要确定蜂蜜有没有特殊治疗功效，先来看看蜂蜜有什么特殊的性质。

（1）抗菌性。蜂蜜是一种天然灭菌剂和食品保鲜剂。之所以能抗菌，是因为糖浓度高，高糖带来高渗透压、高黏稠性、高酸度等特性，使菌不容易生存，使得蜂蜜具有抗菌作用。有研究表明，葡萄糖氧化酶分解蜂蜜中的葡萄糖产生过氧化氢，而过氧化氢具有天然的抑菌活性，也是蜂蜜抗菌的一个原因。此外，蜂蜜中含有酚类化合物、香豆素类和挥发性物质等，虽然这些物质含量微乎其微，仅占蜂蜜总量的0.06%左右，但对微生物仍具有一定的抑制作用。所以，蜂蜜抗菌主要靠糖！

（2）抗氧化性。蜂蜜中的抗氧化成分主要包括黄酮类化合物、酚酸类化合物（苯甲酸、肉桂酸及其衍生物）、美拉德反应产物（主要集中在热加工和贮存过程中蜂蜜抗氧化活性的变化方面）。

同时蜂蜜中还包括一些抗氧化成分，如酶类物质、维生素、类胡萝卜素、氨基酸、蛋白质、有机酸等。这些抗氧化成分对自由基有清除作用；而且能够降低线粒体膜脂质过氧化程度，降低线粒体的肿胀程度，从而起到保护肝脏作用；在抗癌方面也发挥一定的作用。但是，这些抗氧化物质的含量非常低，就算其中含量最高的酚类物质也不值得一提。目前市场上销售的蜂蜜的总酚含量均值为每100g中24.93mg，也就是说1g的蜂蜜中仅有0.0002g左右的是总酚，农家蜂蜜的均值略高一些，有0.0003g；脯氨酸含量则更低，1g蜂蜜中最多0.00004g。

所以期望吃蜂蜜能抗氧化，首先要祈祷不要吃成糖尿病！

综上，蜂蜜主要成分还是糖类，其余成分如维生素、矿物质等微量营养成分不到百分之一。当作糖的替代品，偶尔来一杯可以，但千万不要听信商家的夸大宣传，期望蜂蜜有什么神奇的治疗功效。

结论

不同的蜂蜜，其营养组成确实不同，但差异极不显著。另外，网传的“××蜜源产的蜜具有和植物本身的性质相似的功效”都只是经验总结，并没有分子实验的证明，经不起现代医学的推敲，不具有普适性。

三　鸽子蛋对身体有奇效吗?

谣言

禽蛋为所有年龄的人提供了一种良好的营养源，是人们生活的重要食品。除了我们常见的鸡蛋、鹌鹑蛋，市面上有些地方还卖鸽子蛋。有文章称“鸽子蛋的核黄素含量是鸡蛋的3.5倍，对视力有很好的保护作用”。网络上甚至将鸽子蛋吹捧为可促进孕妇食欲、预防小儿麻痹症、治疗孕妇头晕等的神奇食物。鸽子蛋因称 “对身体有奇效”而被卖出了天价。

【谣言来源】

搜狐 新闻 体育 汽车 房产 旅游 教育 时尚 科技 财经 娱

搜狐 > 美食 > 正文

鸽佰度

2227 文章 526万 总阅读

查看TA的文章>

【鸽围观】小小鸽子蛋里，居然有这个东西！

2018-02-16 22:12 鸡蛋 厨房经验

鸽子蛋与鸽子肉一样，历来都是食物中的珍品，且具有很高的药用价值，古代为帝王将相食用，故有“宫廷珍贵食品”之名。

它对月经不调的女性具有调补、养颜、美肤作用，对孕妇产前、产妇产后出现的贫血有很高的滋补效果。所以鸽子蛋被人们誉为延年益寿的“灵丹妙药”。

2、保护视力

鸽子蛋的核黄素含量也是鸡蛋的3.5倍，对整天对着电脑的办公一族的视力，也有很好的保护作用。

辟谣

从鸽子蛋和鸡蛋的营养成分数据对比来看，鸽子蛋的微量元素含量总体低于鸡蛋，其中鸽子蛋的核黄素含量也远低于鸡蛋。核黄素在体内储存是有限的，大量摄入也不能吸收利用，因此，通过摄入核黄素来护眼的意义不大。鸽子蛋是一种食品而非药品，网络上关于鸽子蛋功效的这些宣传属于虚假宣传，是不合法的。

鸽子蛋的微量元素，尤其是核黄素的含量更高吗？

下表是鸽子蛋和鸡蛋的营养成分含量对比。

营养成分	鸽蛋	鸡蛋	营养成分	鸽蛋	鸡蛋
热量	712kJ	653kJ	蛋白质	10.8g	12.8g
脂肪	16g	11.1g	碳水化合物	1.1g	1.3g
胆固醇	480mg	510mg	烟酸	0.08mg	0.2mg
叶酸	60μg	113.3μg	泛酸	0.62mg	—

续上表

营养成分	鸽蛋	鸡蛋	营养成分	鸽蛋	鸡蛋
维生素A	33μg	194μg	维生素B1（硫胺素）	0.08mg	0.13mg
维生素B2（核黄素）	0.07mg	0.32mg	维生素B6	0.36g	—
维生素B12	4.23μg	—	维生素D	2μg	—
维生素E	3mg	2.29mg	钙	100mg	56mg
铁	4.1mg	2mg	磷	210mg	130mg
钾	120mg	154mg	钠	76mg	131.5mg
铜	0.14mg	0.15mg	镁	24mg	10mg
锌	1.62mg	1.1mg	硒	18.66μg	14.34μg

从鸽子蛋和鸡蛋的营养成分数据对比来看，鸽子蛋的微量元素含量总体低于鸡蛋，其中鸽子蛋的核黄素含量远低鸡蛋。而且有研究显示，鸽子蛋和鸡蛋的营养成分各为:水分81.7%和71.0%；蛋白质9.5%和14.7%；脂肪6.4%和11.6%；碳水化合物1.7%和1.6%；灰分0.7%和1.1%。其中，灰分的含量代表蛋中无机盐和矿物质元素的含量。由此也可以看出，鸡蛋的蛋白质、脂肪、碳水化合物及灰分含量都要高于鸽子蛋。

核黄素所谓的“护眼功效”是否确有其事

核黄素也就是维生素B2，是一种水溶性维生素，在人体内的储存是有限的，因此我们每天都需要通过饮食进行补充。但当核黄素摄入量过多时，核黄素会通过汗液、尿液排出体外来维持体内平衡；严重摄入过量时则可能引起瘙痒、麻痹、流鼻血、灼热感、刺痛等不良反应。在日常生活中，只要合理搭配膳食，一般不会缺乏核黄素。

核黄素的主要生理功能是参与呼吸链能量产生，氨基酸、脂类氧化，嘌呤碱转化为尿酸，芳香族化合物的羟化，蛋白质与某些激素的合成，铁的转运、储存及动员，参与叶酸、吡多醛、尼克酸的代谢等。至于核黄素是否真的有“护眼功效”，从核黄素的生理功能来看与视力的保护关系不大，且谈任何的功效都离不开使用的量，而核黄素在体内储存是有限的，大量摄入也不能吸收利用。因此，通过摄入核黄素来护眼的意义不大。护眼，最重要的是在日常生活中合理用眼，是预防，而不是后期治疗。

鸽子蛋是否如药品一般有治疗功效?

网络上甚至将鸽子蛋吹捧为可促进孕妇食欲、预防小儿麻痹症、治疗孕妇头晕等的神奇食物。关于这些功效，是确有其事还是商家吹嘘?

食品是指各种供人食用或者饮用的成品和原料，以及按照传统既是食品又是中药材的物品，但是不包括以治疗为目的的物品。而药品是指用于预防、治疗、诊断人的疾病，有目的地调节人的生理机能并规定有适应症或者功能主治、用法和用量的物质，包括中药材、中药饮片、中成药、化学原料药及其制剂、抗生素、生化药品、放射性药品、血清、疫苗、血液制品和诊断药品等。

鸽子蛋是一种食品而非药品，网络上关于鸽子蛋功效的这些宣传属于虚假宣传，是不合法的。

其实，我们吃的蛋是禽类卵细胞的衍生物。禽类都是在母体外完成胚胎发育的，因此，母体必须一次性提供发育全程所需要的营养物质，而这些营养物质主要贮存于卵细胞（蛋黄）中，也就是我们平常吃到的蛋。不同禽类的生长发育历程不完全相同，它们产的蛋所含的营养也不完全相同，但其营养都是比较全面的。所以，鸽子蛋和鸡蛋、鹌鹑蛋一样都是普通的蛋，它们的营养成分略有差异，但总体是一样的。

【辅助阅读】为何鸽子蛋的蛋白是透明的?

经常吃鸽子蛋的人会发现，有的鸽子蛋煮熟之后蛋白是透明的，但也有的鸽子蛋煮熟之后蛋白是不透明的。为什么会这样？答案是，透不透明肯定和蛋清的蛋白质组成有关，也和蛋白质形成网络状况的条件和结构有关。但具体的机制是什么，并没有详细的研究文章发表。

不过关于鸽子蛋的蛋白为什么透明，网络

上流传有很多说法，今天列举以下流传较广的三种说法。

一种说法是说鸽子蛋大多是受精卵，也就是经过孵化能孵出小鸽子的蛋，而平常吃的鸡蛋大多是未受精的蛋，所以，鸽子蛋煮熟之后蛋白是透明的，和鸡蛋蛋白不一样。但这种说法不太可靠：一方面一般商人不会把受精的蛋拿出来卖，且在储存运输过程中可能孵化；另一方面，受精的鸽子蛋的价格比普通鸽蛋更贵，市场需求更少。

另有说法称，蛋白透不透明与鸽子蛋的新鲜程度有关，刚刚下的鸽子蛋煮熟的蛋白一般是不透明的，而放置三四天后的鸽子蛋煮熟之后蛋白一般是透明的。因为这三四天鸽子蛋的蛋白成分会发生一定的变化。而且，从鸽子下蛋到鸽子蛋被端上我们的餐桌需要一定时间，普通消费者吃到鸽子刚下的蛋的机会比较少，因而大多数消费者会发现鸽子蛋的蛋白是透明的。

也有一些养鸽子的人认为鸽子蛋的蛋白煮熟后透不透明与鸽子品种有关，也和饲料有关。这一点无从考证，但是也很有道理。有些鸡蛋硬得和橡皮一样，也是因为鸡吃了较多的棉籽壳。

【辅助阅读】鸽子蛋的购买及食用指南

消费者购买鸽子蛋主要是担心购买到鹌鹑蛋伪装的鸽子蛋。购买鸽子蛋的时候，一看外观，鸽子蛋的个头比鹌鹑蛋大，比鸡蛋小，且两端几乎对称；二是看重量，一般来说一个鸽子蛋的质量约为20g，也就是一斤鸽子蛋25个左右，而一个鹌鹑蛋的质量约为10g，一斤鹌鹑蛋约有50个。另外，鸽子蛋的蛋壳相当脆弱，指甲划一下都可能破损或有裂痕，因此购买鸽子蛋后要小心保存。

鸽子蛋同其他禽蛋一样，蒸、煮、煎各种吃法都是可以的，大家可以根据自己的喜好进行烹调。而营养成分保留最好的一种烹饪方法，则是煮。

四　酸柠檬能代替维C药片吗?

谣言

想补充维生素C，很多人脑海里第一个想到的就是柠檬，觉得越酸的水果含维生素C越多。于是就有人说“人体缺维生素C没必要去药店买维C片了，多喝点柠檬水就行，而且越酸的柠檬水维生素C的含量越多”。

【谣言来源】

www.xywy.com/zy/my/zyys/sjys/725889.html

医问药 医美 医平台 云健康 健康教育 闻康公益 药品网 下载APP

寻医问药 XYWY.COM 中医频道 健康百科 用户

{拒绝暑夏疾病} SUMMER 轻松度夏 ——轻松

综合 疾病 问答 专家 医院 药品

您可以找医院、找专家、查药品 搜索

当前位置：中医频道 > 中医养生 > 养生排行 > 四季养生

常喝柠檬水可补充维生素C

时间：2012-03-30

类风湿医生在线答疑 股骨头坏死保髋治疗 男人壮阳不可少的食物 受精卵着床有感觉吗？

柠檬含有丰富的维生素C，具有抗菌、提高免疫力、协助骨胶原生成等多种功效，经常喝柠檬水，可以补充维生素C。

辟谣

柠檬中维生素C含量并不高，因此为了补充维生素C而吃柠檬并不是好的选择。柠檬的酸味不仅仅是含有维生素C的缘故，果蔬酸味来自很多方面，如果酸中酸根的种类以及离解度、糖酸比等。

柠檬能代替维C药片来补充人体的维生素C吗?

答案是否定的，柠檬虽然非常酸，但是维生素C的含量不高，每100g柠檬水中仅有20mg的维生素C，这还不包含因为一些原因损失的。而维生素C药片中，一片维C含量就为100mg。所以说通过吃柠檬来补充维生素C，是完全不合适的，更别说能够代替维C药片了。

果蔬中的酸味是因为维生素C吗?

果蔬的酸味并不完全来自于维生素C，还来自一些有机酸，如柠檬酸、酒石酸等。苹果酸在水果中的含量较高，故又称为果酸。水果的酸味的强弱不仅与含酸量有关，还与酸根的种类、解离度、缓冲物质的有无、糖的含量有关（所谓的糖酸比）。

【辅助阅读】糖酸比是什么，有什么作用?

糖酸比，也叫甜酸比，是指食品或食品原料中总糖量（可溶性固形物，一般以糖度折射计的示度表示）与总酸含量的比。

水果是酸的还是甜的，是由其中的“糖酸比”所决定的，如果含糖量高而含有机酸低，那吃起来就是甜的；相反，如果含有机酸高而含糖量低，水果吃起来就会比较酸。

但水果的甜酸风味并非甜味和酸味的简单叠加，而是糖和酸共同作用的结果，既取决于糖和酸的含量水平，也取决于糖和酸的种类及比例。此外，果蔬的酸味并不取决于酸的绝对含量，而是由它的pH值决定的，pH值越低，酸味越浓。

结论

柠檬是肯定不能代替维C药片的，酸的水果不一定维生素C含量就高，因为维生素C只是酸味物质的一部分。水果的酸味物质除了维生素C，还有其他物质，比如有机酸。再者，糖酸比也会影响水果的酸味。

五 南瓜子能当驱虫药吗?

谣言

隔壁老王家孩子最近食欲不佳、面黄肌瘦，上医院检查后发现，原来是肚里长了虫。王嫂不当回事，主张用土方法，拼命让小孩吃南瓜子，说：“南瓜子不仅能够驱虫，还富有营养，不伤害身体。”

【谣言来源】

辟谣

南瓜子营养丰富，作为休闲零食来吃无妨。但若要驱虫，需大量服用，有潜在危险。在现代医疗水平非常高的今天，没有必要用这个方法。

南瓜子有营养吗?

南瓜子（Semen Moschatae）是南瓜成熟的种子，又称南瓜仁、白瓜子、金瓜子。据报道，南瓜子中不饱和脂肪酸含量较高（占总脂肪酸含量的76.9%～91.5%），主要是亚油酸、油酸、棕榈酸，其中亚油酸含量达到43.0%～64.0%，与大豆油、葵花籽油接近。此外，南瓜子的蛋白质含量高达30%～40%，从氨基酸组成看，它含有人体必需的8种氨基酸，且在必需氨基酸比例上与人体所需氨基酸组成模式相似，易于人体消化吸收。据报道，每克美洲南瓜子含有的氨基酸总量为0.527g，高于大豆种子（每克中含有的氨基酸总量为0.456g），其中每克含有的必需氨基酸为0.18g，占氨基酸总量的34.3%。因此，南瓜子作为一种营养价值较高的植物蛋白资源，是毋庸置疑的。

南瓜子真的可以代替驱虫药吗？

南瓜子能驱虫的说法确实从古至今都有流传，现代科学也做了解读，驱虫有效成分是南瓜子氨酸，可以驱除绦虫、血吸虫等多种寄生虫。其中南瓜子氨酸是一种水溶性非蛋白氨基酸，化学名称为3-氨3-羧基吡咯烷酸，在种子中的含量为2%～4%。自20世纪50年代报道我国著名寄生虫学家冯兰州院士应用南瓜子与槟榔合并治疗绦虫病以来，至今国内仍广泛应用，其中南瓜子治疗用量为60～120g，还需要辅以槟榔、硫酸镁等。其机理可能是南瓜子中所含有的特殊的南瓜子氨酸，能麻痹牛肉绦虫的妊娠节片，对绦虫的中段和后段节片具有麻痹、致瘫作用，对神经无损伤。南瓜子对其他寄生虫如血吸虫的驱虫效果也有相关报道，在此不再一一赘述。

然而，仅仅考虑南瓜子或南瓜子氨酸的驱虫效果是不够的，要达到驱虫效果，南瓜子和南瓜子氨酸的剂量要求都很高。所以要考虑其毒性，而相关的毒理学研究表明：

（1）大量南瓜子氨酸能使部分实验犬出现恶心和呕吐的症状；

（2）小鼠以南瓜子浓缩制剂灌胃后，口服4g以上，可使肝、肺、肾等组织器官产生暂时性的病理损害，而停药后则迅速恢复正常；

（3）给小鼠口服或腹腔注射大量南瓜子氨酸，可使动物兴奋狂躁；南瓜子氨酸能使兔血压升高和呼吸加快，对离体兔肠有抑制作用。

从以上证据可以看出，南瓜子在大剂量使用的情况下，对健康可能有一定的负面作用。所以在现代医疗水平非常高的今天最好选择医生开的打虫药，但请一定注意！不要随便给小孩服驱虫药，应经医生大便化验后，确诊何种寄生虫，对症施药方可奏效，自己用药小心意外！

结论

南瓜子营养丰富，作为休闲零食来吃无妨。但若要当作驱虫药来用，需大量服用，甚至和槟榔（一级致癌物）、硫酸镁同时服用，可能会对健康产生副作用。在现代医疗水平非常高的今天，真的没有必要用这个方法。

六 多吃坚果能治疗结肠癌吗？

谣言

最近，美国耶鲁癌症中心的研究人员发表了一篇报道，声明坚果摄入增加与结肠癌复发及死亡率显著减少有关。因此，有些网友开始认为：“坚果可以治疗结肠癌，多吃坚果有助于身体健康。”

【谣言来源】

www.360doc.com/content/17/0706/16/43965883_669362760.shtml

个人图书馆 360doc.com 千万人在用的知识管理与分享平台 我的图书馆

坚果可以抗癌，你吃过几种？

2017-07-06 听完歌就... 阅 85 转 1 分享：微信 转藏到我的图书馆

坚果又称壳果，这类食物食用部分多为坚硬果核内的种仁子叶或者胚乳，营养价值很高，一般将坚果类食物分成两类：一类是树坚果，主要包括：杏仁、腰果、榛子、松子、核桃等，一类是种子，主要包括花生、葵花子、南瓜子等。

杏仁的营养十分均衡，含蛋白质约30%，粗脂肪50%，糖类10%，还含有维生素C、维生素E等。此外，杏仁中还含有多种具有特殊生理作用的植物成分，如杏仁苷、类黄酮等。

辟谣

美国耶鲁癌症中心的研究人员发表的报道只能说明适当的坚果摄入对抑制结肠癌复发起到了间接的作用，但不能够推测出坚果可以治疗结肠癌。同时，食用也不可过量，否则会引起肥胖等问题。

坚果有哪些营养？

坚果通常指的是富含油脂的种子类食物，一般分为两类：一类是树坚果，包括核桃、榛子、腰果、杏仁、板栗、开心果等；另一类是种子，包括南瓜子、葵花籽、花生等。坚果营养丰富，含有较多的不饱和脂肪酸、膳食纤维、维生素E、矿物质、优质蛋白、酚类化合物及其他生物活性物质。已有多项研究报道证实，每天吃适量坚果对促进人体生长发育、增强体质、预防某些慢性疾病的发生都有较为显著的功效。

许多临床研究证实，坚果中的不饱和脂肪酸（如亚油酸）、膳食纤维等生物活性成分能有效促进脂肪代谢，降低血液中的胆固醇含量，提高胰岛素敏感性。起到预防动脉粥样硬化，降低罹患糖尿病、冠心病、心脑血管疾病等风险的作用。坚果中的维生素E和硒等具有抗氧化功效；镁、钾、铜等矿物质既能调节多种生理功能，也是合成体内抗氧化酶类的重要元素。

坚果能治疗结肠癌吗？

美国耶鲁癌症中心的研究人员发表了一篇报道，声明坚果摄入增加与结肠癌复发及死亡率显著减少有关。该研究中心实验人员曾对800多位结肠癌患者术后进行了长达7年的随访，并控制了其他可能混杂的因素（饮食模式、吸烟和饮酒）后发现：与未食用坚果的结肠癌患者相比，每周食用2次以上、每次约28g的晚期结肠癌患者，其无病生存率提高了42%，总体生存率提高了57%。

研究人员指出，以往的临床实验发现，坚果的摄入能够降低2型糖尿病和代谢综合征的发生率，而能量过剩（如2型糖尿病、肥胖等）、高糖饮食与结肠癌患者的癌症复发风险增加有关。由此可以得出结论：坚果的摄入对抑制结肠癌复发起到了间接的作用。

从上述的研究中能够看出，适当的坚果摄入有助于减少结肠癌的复发，但是并没有任何实验数据表明，摄入坚果能够像药品一般，可以直接治疗结肠癌。

多吃坚果有助于身体健康吗?

通过前面的分析，我们得出了一个结论——食用坚果好处多多。于是就有保温杯泡枸杞的的养生贵族开始转为吃大量坚果。

但是坚果绝非是多多益善。作为一种高能量食物，坚果的脂肪含量在40%～70%，其中大部分为不饱和脂肪酸，适量吃利大于弊。但如果一日三餐总能量不变的同时又额外摄入过多的坚果类食品，就很有可能导致肥胖等问题。

那么，一天究竟吃多少比较合适呢?

国外研究发现，每周吃50～125g的去壳果仁，有利于控制血脂，帮助预防中风和冠心病。《中国居民膳食指南》（2016版）推荐平均每天吃10g坚果，相当于两个核桃或者一把葵花籽或者是14粒左右的巴旦木。除此之外，我们也不能局限于一种坚果。哈佛大学研究带头人也曾指出：“为降低慢性病风险，我们的研究支持增加摄入多种坚果。”

我们虽然提倡“弱水三千只取一瓢”，但是从健康方面来说，坚果最好换着吃，优先选择树坚果（研究发现树坚果类如杏仁、核桃、榛子、腰果的食用效果要优于花生）。如果吃腻了生的坚果，大多数坚果也可以尝试换个做法，和大豆一起打成口味多样的豆浆，或放在粥里一起煮，既美味又营养。

结论

坚果营养价值丰富，长期坚持摄入可以提高结肠癌患者的生存率，降低癌症复发风险。值得注意的是，坚果不可能像药品一样起到直接治疗结肠癌的效果。在生活中，平均每天吃一小把坚果，既不会发胖，又有益于健康。

七 "养生汤"有治疗奇效吗?

谣言

"养生汤",顾名思义就是用某种或者几种食材加工制作出来的一种汤,是餐桌上常见的美味佳肴之一。但是网上却有人说:"养生汤营养丰富,当我们的身体出现小毛病时,没必要兴师动众的去医院抓药,喝点养生汤就行。"

【谣言来源】

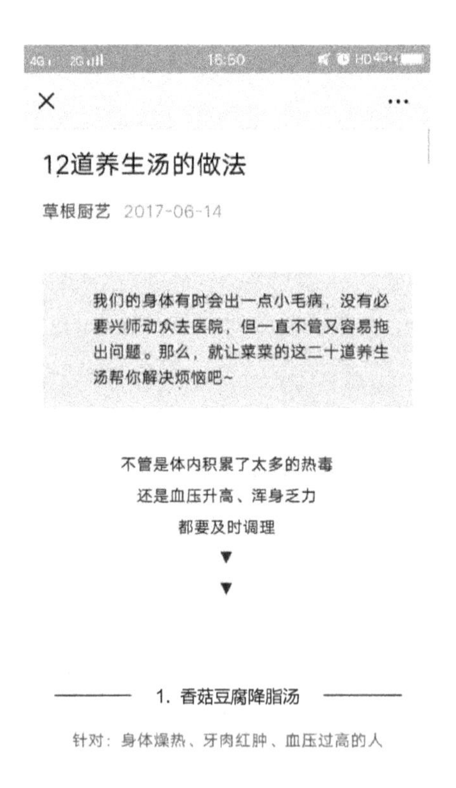

辟谣

"养生汤"并不神奇,主要成分是水,汤的香气、色泽、鲜度、口感等均和加入的食材与煲汤时产生的化学物质有关,虽然也有一些营养和对人体有益的成分,但含量较少,这些剂量远远不可能代替药品起到治疗作用的。

“养生汤”中香气物质有治疗功效吗?

养生汤，是具有食疗、养生效果的汤品。往往是根据传统中医原理或药食同源原理挑选食材，以“煲”的形式加工制作而成。

从化学角度来说，煲汤的过程就是原料中的各种物质，在加热过程中，经过浸渍、穿透、溶解、分散到水中的过程。人们进食汤汁，从而获得汤中的化学物质。一般而言，谈及治病，肯定是食物中这些化学物质发挥了作用。那么，煲汤究竟煲出了什么化学物质，这些化学物质是否能够治病呢?

其实，加热时，食材中的水溶性成分（氨基酸、还原糖等）之间发生反应，产生挥发性含硫化合物以及含氧、含杂环化合物等，脂溶性部分则氧化降解产生大量的小分子醛、酮、醇、羧酸、酯等羰基化合物，水溶性组分还可与脂溶性组分相互作用，产生更为丰富的风味物质。例如清炖猪肉汤中就有24种香气物质，是构成肉香味的重要成分，它们均来源于猪肉炖煮过程中的美拉德反应与脂肪氧化降解反应。美拉德反应就是含羰基化合物（如糖、醛、酮等）与含氨基化合物（如胺、氨基酸、蛋白质等）的反应，产物为吡嗪类化合物、醛类化合物等各种具有香味的物质。

人类的鼻子是非常灵敏的，很少量的这些物质就能嗅到。这些物质都是小分子，在汤中含量非常低，所以一般不会有治病功效，它们的主要功能就是增进你的食欲。

汤色成分有治疗功效吗?

汤色大多数分为两种，汤色澄清和汤质乳白。区别就在于，汤中是否含有脂肪。

随着煲汤时间的延长，原料组织中脂肪细胞破裂后，会流出溶化的脂肪。大家都知道，脂肪比较轻，会漂浮于水面，形成油层，但是当水加热至沸腾，在剧烈翻滚的水的作用下，水面的脂肪层便会打散成微滴分散在水中。水中还有一些两亲性（亲脂和亲水）的物质，如蛋白质、固醇、磷脂等，一端具有亲水

性，另一端具有亲脂性（疏水性）。当微滴状油脂分散在水中，与这些两亲性物质接触后，会形成稳定的水色油型乳状物，进而形成了乳白色的汤汁。整个过程就是化学中所说的脂肪的乳化。

那么，这些乳白色的脂肪球有治病功效吗？答案是否定的。喝多了脂肪，只会让你变得肥胖，跟治病是毫无关系的。

汤质成分有治疗功效吗?

汤质是否黏稠取决于胶原蛋白的含量。猪蹄、凤爪等原料胶原蛋白含量较高，随着煲汤时间的延长，胶原蛋白便会逐渐发生水解，生成明胶分子，明胶分子属于高分子物质，体积较大，会分散于热水中形成溶胶状态，所以具有较大的黏性。明胶溶胶的存在，使得汤质变得黏稠。当然汤质的黏稠也一定程度得益于脂肪。

大家对胶原蛋白的第一印象就是美容而并非治病，那么胶原蛋白是否有美容的功效呢？胶原蛋白被人体消化吸收后变为氨基酸和一些短肽，它们在体内并不能定向促进胶原蛋白的合成，不能直接运送到皮肤组织中达到美容的功效。同时胶原蛋白不是含有人体所需的全部氨基酸，不能满足身体生长发育需要。退一步说，即便有效，汤中胶原蛋白的量还是太少了，不如吃两片猪肉胨。

所以，从汤质成分方面分析，“养身汤”连美容的功效都达不到，更别提能治病了!

汤中的营养物质有治疗功效吗?

上文提到的蛋白质、脂肪、碳水化合物等都是营养物质。除了这三类宏量营养素以外，汤中还有很多人体所需微量元素和小分子物质。

如在煲汤食材中加入人参，人参属于药食同源药材。在人参中含有44种无机元素，其中含有与人类健康密切相关的人体必需微量元素14种中的13种（碘除外），如铁、锌、铜、锰等，它们对人体的生长发育、营养代谢等具有着极为重要的作用。有人推断，人参的滋补功用和微量元素的作用是密切相关的。

又例如柴胡加龙骨牡蛎汤有助于改善睡眠，发挥作用的主要是柴胡皂苷，药理实验研究表明，柴胡皂苷具有改善睡眠作用。同样的人参皂苷作为人参的重要活性成分，在神经系统中发挥重要调节作用。

不过这些都是从理论上来讲，不能成为商家宣传的依据，因为脱离剂量说疗效都是不科学的。汤中活性成分虽然种类繁多，但是含量却很微少，喝汤并不能够摄取足够的优质营养物质，更不能够治病！汤的主要成分是什么？是水！

结论

从上述分析中不难看出，无论是从香气物质、汤色成分，还是从汤质成分和营养物质来说，“养生汤”都不具备治疗的功效。所以当身体出现了小毛病时，千万不能以为喝些“养生汤”就能把病治好，而不吃药，这样可能会使病情加重，带来更严重的后果。

八 营养补充剂能当成药?

谣言

相信大家一定选购或者吃过营养补充剂，它们是作为饮食的一种辅助手段，用来补充人体所需的氨基酸、微量元素、维生素、矿物质等。但是有些人却把它们当成药物来看待，甚至有人断言：“生病只需要吃营养补充剂就行，不用再吃药了。”

【谣言来源】

www.360doc.com

个人图书馆 千万人在用的知识管理与分享平台 我的图书馆

360doc.com

资金安全 值得信赖

中国人都该吃营养补充剂吗？

2015-03-25 分享： 微信

所以说，即使有一部分营养补充剂算是“药”，那也是属于绿色 OTC 的非处方药，功能在于预防和治疗营养缺乏性疾病。

辟谣

营养补充剂是在身体某种营养素不足时，通过营养补充剂进行补充，仅仅是起到了辅助调节作用，是不可能代替药品的。通过吃营养补充剂来摄入绝大多数营养素，可能不仅不会带来期望的效果，甚至会带来副作用，因此营养补充剂不可代替食品。

营养补充剂可以替代药品吗?

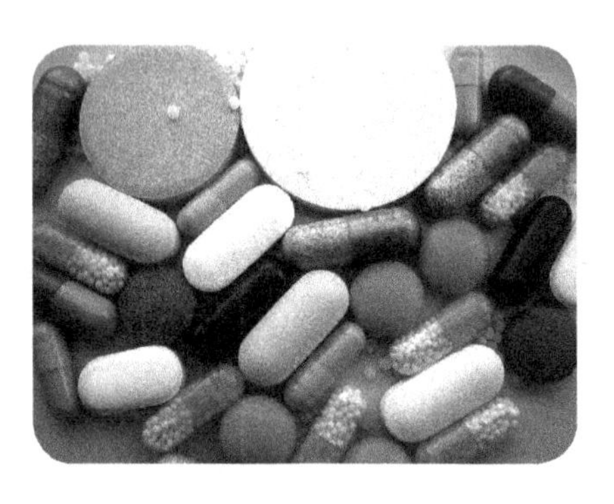

首先我们得知道什么是膳食营养补充剂，它的定义是“口服的含有补充膳食成分的产品，包括维生素、矿物质、氨基酸、纤维素等其他可以广泛应用的成分”。我们常见的维生素片、钙片等，即为营养补充剂。那么营养补充剂可以作为药品替代品吗?

营养补充剂是不能取代药品的。第一，营养补充剂对人体起到补充调节的作用，它并不像药品一样具备治疗疾病的功能。第二，营养补充剂的调节时间较长，但是吃药是一种短期行为。所以营养补充剂和药品完全是两种东西，不可混为一谈。

营养补充剂可以替代食品吗?

上述说明了营养补充剂不可代替药品的功能，也许有人说，不能代替药品进行治疗，总可以代替食品吧，都是为了补充营养。那么营养补充剂可以作为食品的替代品吗?

当然是不可以的，保持合理科学的饮食才是最好的获取营养的方法。想通过营养补充剂来获取绝大部分的营养物质是不科学、不可行的。其主要原因有以下几条：

（1）世界卫生组织强调食物的多样性，中国营养协会制定的膳食指南均强调要实行食物多样性原则，而营养补充剂是将营养素从这些单独食物中提取出来，这与我们进化形成的吸收方式不同，所以会导致吸收率的降低。

（2）最近的研究表明，长期通过营养补充剂摄入绝大多数营养素，可能不仅不会带来期望的效果，甚至会带来副作用，比如提高患癌症、糖尿病、心脏病等的概率。

因此，只要每日饮食规律、全面，并且身体健康，这些价格不菲的营养补充剂并不是生活必需品。

【辅助阅读】选择、服用营养补充剂需要注意什么？

（1）吃全营养素补充剂（包含维生素、矿物质、蛋白质等营养素）的同时还摄入较为全面的食品需要注意剂量的问题，脂溶性维生素（维生素A、E、K）因为会储积在人体的脂肪中，比较容易摄入过量而产生毒性，过量食用会适得其反，造成一些健康问题。因此服用时不要完全按照说明来服用，要根据自己饮食的情况适当减少。

（2）服用营养补充剂最好的办法是对症下药，了解自己的饮食缺少什么，或者自己的身体缺少什么，有针对性地购买营养补充剂。比如，素食者最好补充维生素B12；贫血者、中年女性可以选择补充铁；经常出差、饮食不规律、新鲜蔬菜摄入较少者可以选择补充维生素C；孕妇可以选择补充叶酸；挑食的小孩可以选择补充全营养素补充剂。

（3）市面上钙片的形式主要是碳酸钙和柠檬酸钙，碳酸钙一般价格较低，也比较常见，它需要胃酸进行消化吸收，因此胃酸较少（消化不良）的人不适宜服用，需要选用柠檬酸钙来补充钙。

（4）如果正在补充脂溶性维生素，饭后补充或者吃饭时补充吸收效率最高。

（5）补充铁，空腹补充吸收率最高。

（6）许多人印象中患了感冒服用维生素C可以治疗感冒，不过许多的研究表明，这个说法是不对的，它们之间并没有直接联系。

（7）当人体摄入钙片时一次最多只能摄入500mg，摄入再多也是浪费，最好的方法是分多次摄入。

（8）补充钙和铁最好不要同时进行，它们之间会相互影响，降低吸收率；而通过食物补充不会产生这种影响。

结论

营养补充剂仅仅是一个补充剂，当人体缺乏时才会需要它，而且它既不能代替药品具有治疗疾病的功能，也不能代替日常生活中的食品，以后再遇到此类谣言，可千万别再被欺骗啦。

小结

有些读者读完以上案例后可能会有些许疑问，为什么是补充维生素C吃柠檬，而不是吃猕猴桃、桔子等其他水果？这是因为柠檬是最常见的水果之一，同时柠檬的酸也是众所周知的，既然人们潜意识中认为酸的水果维生素C高，那么柠檬就成了最佳选择。而有关猕猴桃和桔子等其他常见谣言，除了有酸的，在一定时节中还有甜的，不具备代表性。

该分类下的谣言都具有两个特性：第一，为了满足某种目的，这种目的可以是补充维生素C、驱虫、驱蚊等；第二，过分夸大了某种效果，比如南瓜子可以驱虫，但是单单吃南瓜子真的能达到驱虫的目的吗？在这个过程中，大家忽略了含量问题，这也正是该类谣言出现的原因所在。

除此之外，该类谣言还忽略了一个问题，那就是“含量”。抛去含量谈食物功效是不正确的，读者往往相信食物会对人体具有某种神奇功效，也正是因为忽略了“含量”的存在，所以说，一切避开含量谈功效的言论，都是假的！

“食物可代替药”的观念还有一个害处：有的人会放弃救命的药物，转而接受所谓的“替代疗法”（比如果汁饮食之类）来治疗疾病。

当我读到有人放弃现代医学，选择接受食物疗法或膳食补充疗法时，我都会怪罪“把食物当作药物”的信条。

伪科学和江湖骗术最爱这个“食物就是药物”的哲学，因为它能用来销售营养补充品、饮食书籍和各种疗法。这已经足够说服我们别再错误地认为“食物可以替代药物”了。

04

第四部分

揭秘伪养生食品

看完第三部分，想必很多人已经明白食品并不是药品了。那么我们把期望值降低一点，能不能用食品来养生呢？答案：可以。正确的食物养生之道要有营养学、功能食品学的理论支持和科学实验数据的佐证。仅仅通过搜索一下网页，看看一些保健机构的广告，往往会上当受骗。

目前，健康已经成为消费升级后的一项普遍需求，越来越多的人愿意为健康领域的产品或服务买单，各式“养生食品”“养生奇招”受到人们的推崇。然而，由于人们急于求成的心理和健康知识的缺乏，导致在面对铺天盖地的“养生”知识时不辨真假，被五花八门的养生保健机构蒙蔽和利用。据统计，腾讯公司旗下各平台处理的谣言文章，“健康与养生”类文章在各类谣言中占比最大。

因此，本部分选取最具代表性的“伪养生食品”案例13个，从伪养生产品、伪养生食用方法两个角度进行剖析。

 一 最好别吃、别存伪养生产品——胎盘

谣言

很多准妈妈临产前都在纠结伴随自己9个月的胎盘该如何处置。很多人宣称吃胎盘可以“大补”，主张进食胎盘；又有人认为应该把胎盘存起来，以防孩子出现重大疾病时救命。

【谣言来源】

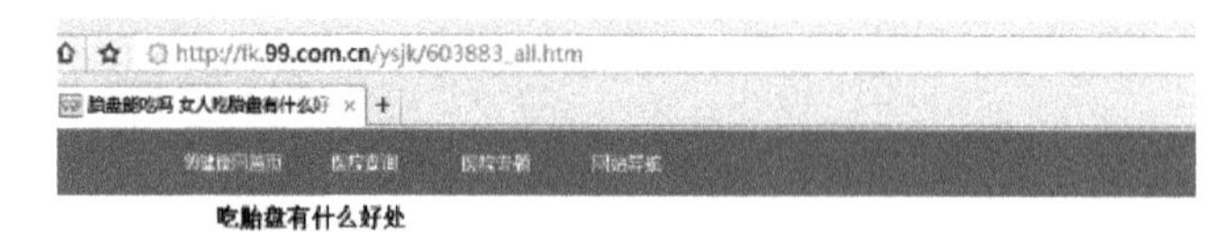

吃胎盘有什么好处

胎盘是母体与胎儿间进行物质交换的器官，是胚胎与母体组织的结合体，是宝宝的生命之源。它附属在子宫上，获取营养和氧气，再供给体内的宝宝。胎儿分娩后，胎盘也会被排出。

专家介绍，胎盘也是一味中药，学名叫“紫河车”，在传统医学中还被称为人胞”或胞衣”。现代医学研究认为，胎盘含蛋白质、糖、钙、维生素、免疫因子、促肾上腺皮质激素等，能促进乳腺、子宫、阴道、睾丸的发育，对甲状腺也有促进作用。

1、治疗妇科疾病，临床上，胎盘用于治疗子宫发育不全、子宫萎缩、子宫肌炎、子宫出血等妇科疾病。还有些女性为了美容而服用胎盘，也有一定的疗效。

2、对肺结核、支气管哮喘、贫血等亦有良效，研末口服可预防麻疹或减轻症状。

3、对于肾气不足，精血虚亏，阳痿遗精，腰酸耳鸣，肺肾两虚，喘息短气等疾病也有非常显著的疗效。

总之，胎盘对于一些体质虚弱的病人、老年人、女性具有滋补的功效。

辟谣

胎盘很可能受到多种细菌和病毒的侵袭；胎盘造血干细胞仍处于研究阶段，还不能广泛用于治疗，而且国家尚无关于胎盘储存和使用的法律法规和操作标准。因此，生完孩子以后，不要吃胎盘。存胎盘、吃存胎盘的意义都不大，最好的处理方法是交给医院统一销毁。

胎盘是什么？

众所周知，胎盘是母体与胎儿之间物质交换的重要场所。母体通过胎盘向胎儿源源不断地输送成长所需的营养物质，胎儿也通过胎盘排出代谢废物。如果说，胎儿是孕育中的一颗小树苗，那胎盘就好比养育小树苗的土壤。

正因为如此，胎盘内含有人体所需的营养成分，比如免疫球蛋白、维生素、矿物元素、免疫调节肽、大量的激素及多种功能因子。这也是很多人宣称吃胎盘大补的原因。但是，真的是这样吗？

吃胎盘能大补吗？

首先，目前并没有确切的实验数据去支撑胎盘大补的结论。胎盘富含免疫球蛋白，但是免疫球蛋白进入人体消化道后，并不能直接被吸收和利用，它会转为小分子氨基酸。因此并不代表直接食用胎盘就可以有相应的功效。其他微量元素等完全可以通过普通膳食获得，胎盘可能和普通肉的效果差不多。食用胎盘因其科学性和有效性一直备受争议，2015 年新编《中华人民共和国药典》删除了所有胎盘制品及其含有胎盘成分的中成药。

与此同时，除了剖腹产外，胎盘的娩出必须经过母体产道，在这个过程中，胎盘很可能受到多种细菌和病毒的侵袭——比如李斯特菌、肝炎病毒、梅毒螺旋体、艾滋病毒、麻疹病毒、疱疹病毒等。高温蒸煮并不能将这些细菌和病毒完全灭活。一旦食用了携带致病微生物的胎盘，很可能会感染疾病。

如果孕妇本身是乙型肝炎、丙型肝炎、梅毒、艾滋病等病的患者或带病毒者，这样的胎盘应该毫不犹豫地直接交医院处理，千万不要自己吃掉或者加工成胎盘胶囊食用。美国疾病控制和预防中心等机构的研究人员近日发表一份报告，称由产妇分娩后的胎盘制成的胶囊可能存在传染性病原体，应该避免服食。因乱吃胎盘而致病甚至死亡的报道，无论国内还是国外都有，你还敢乱吃胎盘吗?

胎盘应该储存起来?

相信不少孕妈听说过存胎盘，那为了宝宝该不该把胎盘存起来呢？价值大不大？研究表明，胎盘中含有丰富的干细胞，诚然胎盘干细胞研究具有广阔的前景，可以预见，它将会为人类的健康做出巨大贡献。值得注意的是，"胎盘储存"并不等同于"脐带血造血干细胞储存"！胎盘中物质成分极其复杂，要从胎盘中提取干细胞并不容易，操作繁琐而且耗时长，存在很大的外源污染风险，因此安全性不能保证。并且，储存胎盘的价格十分高昂。

目前，胎盘造血干细胞仍处于研究阶段，还不能广泛用于治疗，而且我国尚无关于胎盘储存和使用的法律法规和操作标准。

北京脐血库负责人曾表示，我国正规批准的脐带血库仅七家，很多不合规的公司在宣传和从事脐带血储存业务，市场混乱，出现临床无法应用、质量问题频发的现象，用户质疑声越来越多。与此同时，医疗环境和临床医生在造血干细胞移植上的研究和进展相对较少，真正会用脐血的医生也不多。

胎盘应交给医院处理

胎盘也是母亲身上掉下的一块肉，尽管目前尚无相关的法律法规支持保护，但是一般情况下，医生都会询问产妇和家属是自留胎盘还是交医院处理，并签订胎盘处置知情同意书，让产妇和家属知道胎盘去向。在处理胎盘这一块，正规医院都有一套严格标准的胎盘处理管理制度及工作流程，用来杜绝产妇分娩后胎盘流失、买卖和传染性疾病传播等不良现象。

结论

生完孩子以后，不要吃胎盘、存胎盘，吃、存胎盘的意义都不大，最好的处理方法是交给医院统一销毁。

二 “养生红酒”是否确有其功效？

谣言

相传已久，红酒对人体具有抗氧化、预防心脑血管疾病、抗癌、预防老年痴呆、美容、肺部保健、杀菌、预防视网膜的黄斑病、防蛀牙、防辐射伤害等保健功能，所以有人说：“多喝红酒能养生。”

【谣言来源】

辟谣

研究表明，“多喝红酒能养生”的依据不足，长期大量饮用反而会增加患癌的风险。近日有研究人员发现肠道才是体现红酒养生的可能部位，红酒中多酚类物质被肠道菌群充分利用有可能是养生的前提。所以，红酒养生作用的研究还在进行中，目前没有一个确切的结论。

历史上证明红酒有保健养生作用的报道

近代科学的发展和研究证明，在红酒中可检测出1000多种物质，除多种氨基酸和多种维生素（VB1，VB2，VB6，VB12，VC等）以及果胶等营养物质外，还发现有花色苷、酚酸、黄酮、单宁等多种多酚类抗氧化物质。

曾有医学研究论文证明多酚类物质是红酒中最主要的活性物质，具有多种生理功能和药理功能，例如：抗氧化、预防心脑血管疾病、抗癌、预防老年痴呆、美容、肺部保健、杀菌、预防视网膜的黄斑病、防蛀牙、防辐射伤害等。因此，红酒的保健功能往往被认为是其含有大量的多酚类物质。

下表是传播比较广的红酒养生的说法依据。

红酒养生的说法来源

时间	地点人物	事　件
1992年	美国哥伦比亚广播公司	将法国人高脂肪饮食而心血管疾病发病率低的原因归为葡萄酒的作用
2003年	哈佛David Sinclair教授	发布科学诊断：红酒中的白藜芦醇可以延长酵母的寿命
2006年	美国《自然》	红酒中的白藜芦醇能激活细胞中的长寿蛋白，促进其活性和再生，从而增长了实验鼠的寿命
2002—2009年	Dipak K. Das	发表了多篇关于白藜芦醇抗氧化、对身体有益的文章
2010年	耶鲁大学	喝红酒可以增加非霍奇金淋巴瘤患者的存活率

红酒对养生保健无益的依据

尽管以上的研究结果非常支持红酒有益健康的观点，尤其是Dipak K.Das教授的动物试验研究。但是2012年爆出，红酒养生方面专家Dipak K.Das教授发表的26篇论文都存在造假行为，这些论文多数与白藜芦醇有关。近期，又有学者指出耶鲁大学关于"喝红酒可以增加非霍奇金淋巴瘤患者的存活率"的研究为不实信息。

红酒也是一种酒精饮料。有针对酒精致癌的研究小组近期发现：只要喝酒，无论白酒、红酒还是啤酒，只要有酒精，就会增加癌症的发生风险。比如，每天喝50g酒精（大致相当于2两50度的白酒），那么患口腔癌和咽癌的风险将增加2.1倍，食道癌、喉癌和原发性高血压的风险都会增加一倍左右，乳腺癌增加55%，肝硬化增加6.1倍，慢性胰腺炎增加78%，出血性中风增加82%，而肝癌的增加也有40%。虽然红酒的酒精量比较低，但是长期大量饮红酒也会增加一定的患癌症风险。

以上研究表明，红酒养生的依据不足，长期大量饮用反而会增加患癌的风险。

红酒养生研究新突破

爱好喝红酒和经常喝红酒养生的人看到这里可能非常沮丧，但是科学就是一个不断发展和完善自我的过程。近日有研究人员发现肠道才是体现红酒养生的可能部位，红酒中多酚类物质被肠道菌群充分利用有可能是养生的前提。

研究人员选取10位健康志愿者，每日让其摄入250mL的红酒，持续28天，分析喝酒前后的肠道菌群的组成，发现摄入红酒后肠道菌群的多样性上升，也就是说适量饮用红酒，能够增加肠道菌群的多样性，而高丰富度的肠道菌群又能够提高酚类物质的生物利用度。

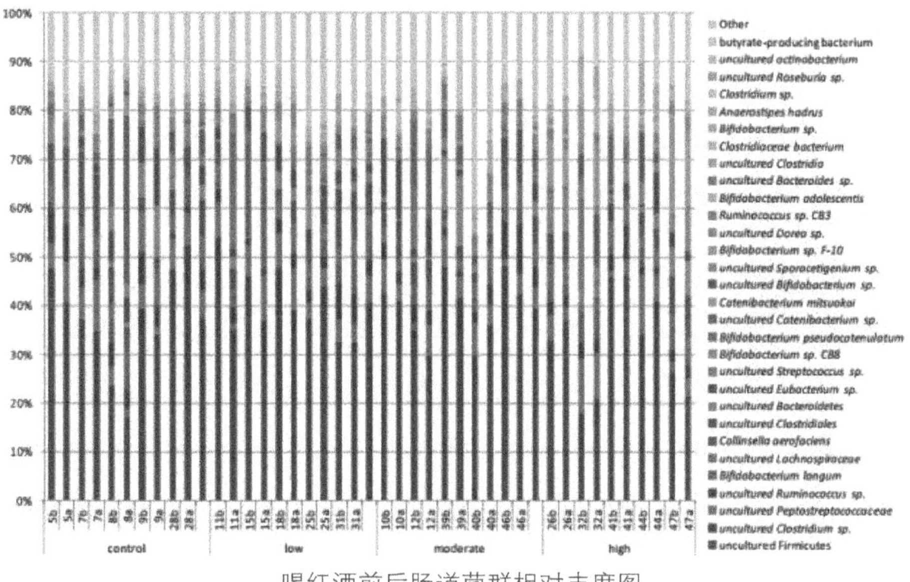

喝红酒前后肠道菌群相对丰度图

而肠道菌群健康丰富的好处，很多文章都有报道，这里不再阐述。

结论

历史上研究关于红酒的保健功能往往认为是其含有大量的多酚类物质；但有研究表明，“多喝红酒能养生”的依据不足，长期大量饮用反而会增加患癌的风险。红酒养生作用的研究还在进行中，目前没有一个确切的结论。相信随着科技的发展，以后会有一个更为明确的答案。至于现在喝与不喝、信与不信就在您的一念之间，是否选用红酒来保健，就要看您的选择了。

三 网传的“看壳识蛋”不靠谱

谣言

鸡蛋中的蛋白质和氨基酸比例很适合人体的生理需要，是人们常食用的食物之一。从蛋壳的颜色上可将鸡蛋分为白皮鸡蛋和红皮鸡蛋。最近，网上有人称 “白壳的是土鸡蛋，红壳的是洋鸡蛋，白皮鸡蛋是喂玉米和其他粮食的鸡生的，喂饲料的鸡生出来的蛋，其蛋壳是红色的，所以白皮鸡蛋更有营养。”

【谣言来源】

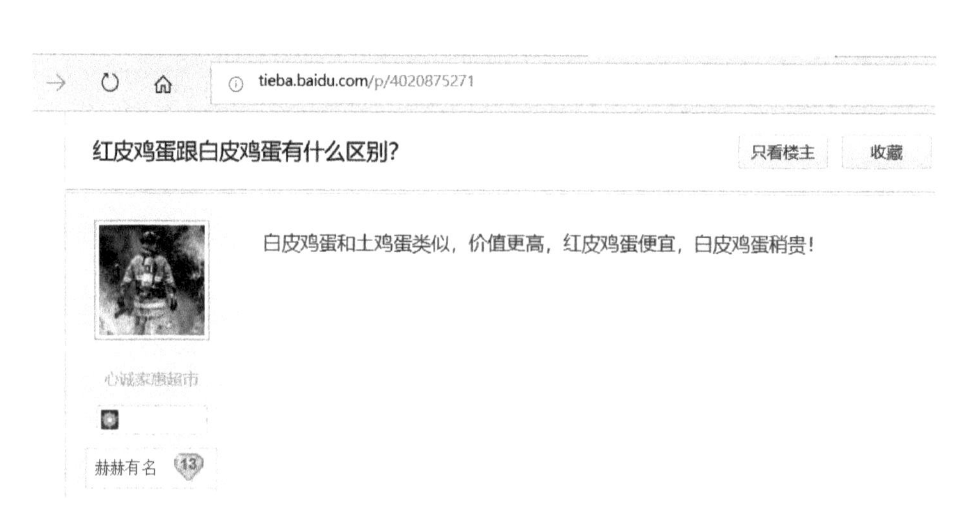

辟谣

鸡蛋的营养主要决定于蛋黄和蛋白，在蛋壳颜色形成前，二者就形成了，蛋黄和蛋白的营养价值与饲料的组成有紧密联系，与蛋壳的颜色并没有什么直接联系。因此“看壳识蛋”不靠谱，蛋壳的颜色既不能说明营养价值，也不能说明饲养方式。

为什么蛋壳会有不同的颜色?

蛋壳看起来颜色多样，但形成蛋壳颜色的色素主要有以下三种：

色素名称	对应形成的颜色
胆绿素-Ⅸ	蓝色和绿色
胆绿素的锌螯合物	
原卟啉-Ⅸ	黄色、粉红色、浅红色、淡黄色、褐色

三种色素在蛋壳中的比例不同，可使蛋壳呈现从紫蓝色到橄榄绿。

蛋壳颜色和鸡蛋营养价值之间有联系吗?

蛋壳中的原卟啉-罗数由子宫内表面（蛋壳腺）的上皮细胞重新合成，胆绿素-罗数由衰老红细胞的血红素分解而来。在蛋壳完全形成前的3～4h，积累的色素大多数转移到角质层。大约在产蛋前90min，富含色素的角质层才开始沉积在蛋壳上。在此之前，富含营养物质的蛋黄和蛋白早已形成。

鸡蛋的营养主要决定于蛋黄和蛋白（相信吃蛋壳的人很少），从鸡蛋的形成过程来看，在蛋壳颜色形成前，二者就形成了。而蛋黄和蛋白的营养价值与饲料的组成有紧密联系，与蛋壳的颜色并没有什么直接联系。

【辅助阅读】影响蛋壳色素比例的因素

遗传因素：遗传因素是影响蛋壳颜色的主导因素，是某个品种最直观的品种特性。蛋壳色泽深浅程度主要是由输卵管末端阴道部分泌有机物卵嘌呤多少决定，受遗传因素制约。

不同品种蛋壳的颜色和条纹

不同种类的母鸡会生各种不同颜色的鸡蛋

年龄因素：随着生物年龄的增大，其色素的沉积会相应减少，导致蛋壳的颜色变浅。

应激性：当鸟类生物受到应激源（如强光）的刺激，就会产生应激。可引起应激的激素主要是肾上腺素，肾上腺素释放进入血液，使雌性个体排卵推迟，蛋壳腺停止生成角质层，就会产生颜色较浅的苍白色蛋，其原因是无定形的碳酸钙沉积在已形成的角质层上面。

药物因素：给母鸡服用某些药物（如磺胺类药物），会迅速减少蛋壳色素的沉积。

疾病因素：有很多病毒性疾病对呼吸道和繁殖系统的黏膜有特异的亲和力，易造成输卵管损害，间接反映在雌性个体所产的蛋上。

营养物质：对于正常产蛋所需的营养物质，其中任一种缺乏均会影响蛋壳的颜色。

微量元素：微量元素锌、铁、铜、锰对于色素在蛋壳中的沉积是很重要的。

简单来说，蛋壳的颜色取决于上皮细胞分泌的色素，而具体分泌什么色素、含量多少，则首先取决于生物的基因。不同品系的个体所产的蛋，蛋壳颜色都是固定的。其他因素虽然有影响，但是影响较弱。在商品蛋鸡中，白壳蛋鸡主要以“白来航鸡”为祖代培育而来，褐壳蛋鸡主要以“罗岛红”培育而来，粉壳蛋鸡则是由两者杂交培养而来。

结论

网传的“营养白皮鸡蛋”是不靠谱的。蛋黄和蛋白的营养价值与饲料的组成有紧密联系，但与蛋壳的颜色并没有什么直接联系，单凭蛋壳的颜色是不能确定它是散养、放养的土鸡所生，还是规模化饲料饲养的商品鸡所生。蛋壳的颜色既不能说明营养价值也不能说明饲养方式，生活中对于蛋壳的颜色偏好更多是市场对食品外观的追求，是消费者的喜好使然。

四 “养生月饼”真能养生吗?

谣言

目前在网络上售卖的养生月饼不在少数：有“四物养生紫薯莲蓉月饼”“人参巧克力木糖醇养生月饼”，添加石斛、酵素、螺旋藻或西洋参的月饼，商家宣称：“月饼添加这些功能性成分，能达到“养生”和“传统美食”两不误。

【谣言来源】

https://zhidao.baidu.com/question/1238225114000660899.html

养生堂：“养生”月饼与传统月饼有何区别

我来答

最佳答案

小2BjyXY

2013-10-27

超市里的月饼促销员介绍,“养生”月饼主要从两个方面与传统月饼区别开来:一是在用料上,采用具有保健功能的材料,如螺旋藻、燕窝、鲍鱼等；另外便是从制作工艺上进行改革,如少加糖分、减少食用油用量、缩短烘焙时间等。比如一款官燕鲍翅月饼,含有较高的营养价值,里面的燕窝可以提供保健的功效。而低糖、无糖的月饼则适合糖尿病患者食用,老人吃也适合。

本回答由提问者推荐

赞 评论 分享 举报

辟谣

月饼中可以添加药食同源的功能性成分，如添加甘草、莲子等，但添加更多的药用成分是被禁止的。月饼不属于保健食品，即使添加了一些药食两用的功能性成分，也不能宣称其具有保健功效。月饼中功能性成分含量普遍较低，难以达到保健养生的功效。月饼实质上是一种高糖、高油、高脂的食品，如果长期大量摄入，对人体健康的危害远大于其所添加的微量功能性成分的作用。

是不是月饼，谁说了算?

“月饼新国标”实施后，是不是“月饼”可不是企业说了算，也不是个人说了算，而是要由国家标准说了算。

根据国家标准《GB/T19855—2015　月饼》，月饼是使用小麦粉等谷物粉或植物粉、油、糖（或不加糖）等为主要原料制成饼皮，包裹各种馅料，经加工而成，在中秋节以食用为主的传统节日食品。

不难看出，新国标主要是在旧国标的基础上增添了饼皮的原料、月饼的派式、加工工艺等，扩大了月饼的种类，丰富了市场，满足不同人群对月饼口味的需求。

能否在月饼中添加功能性成分?

月饼中可以添加药食同源的功能性成分，如添加甘草、莲子等成分，但添加更多的药用成分是被禁止的。我国《食品安全法》规定：生产经营的食品中不得添加药品，但是可以添加按照传统既是食品又是中药材的物质。按照传统既是食品又是中药材的物质目录，由国务院卫生行政部门会同国务院食品药品监督管理部门制定、公布。我国卫计委也发布过《既是食品又是药品的物品名单》和《可用于保健食品的物品名单》。以西洋参为例，它并未列药食两用的物品名单，但可用于保健食品。而针对养生月饼，月饼并非保健食品，因此在月饼中添加西洋参等成分，违反了两个名单中的管理规定。

月饼不属于保健食品，因此，即使添加了一些药食两用的功能性成分，也不能宣称其具有保健功效。早在2015年，国家食药监总局就曾发文，从未批准过保健类月饼，且禁止在月饼中违法添加药品和《可用于保健食品的物品名单》中的物品，更不能非法宣传其药用及养生的功效。

添加功能性成分的月饼就有养生功效吗?

那么，就算不流通出售，自己做养生月饼真的能养生吗?

月饼中功能性成分含量普遍较低，难以达到保健养生的功效。因为若是添加过多的功能性成分，如人参、石斛等，容易影响口感，而且在加工、储运过程中这些成分也容易损失。此外，因为月饼属于节日食品，具有时令性，很难做到长时间摄入。

月饼实质上是一种高糖、高油、高脂的食品，如果长期大量摄入，对人体健康的危害远大于添加的微量功能性成分的作用。商家甚至可能为掩蔽添加的功能性成分带来的不良口感，加入更多的油脂或者糖分。以常见的广式月饼的理化指标为例，月饼中的营养成分较为单一，缺少蛋白质，是一种高油、高糖、高脂的食品，吃多了会给人一种油腻的感觉，甚至引起肠胃不适。所以月饼不适合作为早餐食用。

【辅助阅读】无糖月饼

除了“养生月饼”，网上还有售卖得比较火的“无糖月饼”。首先，无糖月饼并非真的无糖。所谓无糖，一般指的是饼皮或馅料中不用蔗糖（每100g中不超过0.5g），而用糖醇（如木糖醇、麦芽糖醇等）代替蔗糖，以保持月饼甜味。其次，无糖月饼中虽然没有蔗糖，但其饼皮还是以小麦、精制面粉等做的，其中的淀粉等成分也会进入身体转化成糖分。所以，对于糖尿病患者，无糖月饼可以吃，但不能放心吃。建议糖尿病患者在血糖平稳期内适量摄入（每次食用量不超过单个月饼的四分之一）。

结论

月饼的成分有严格的国家标准，月饼中可以添加药食同源的功能性成分，如添加甘草、莲子等，但添加更多的药用成分是被禁止的。月饼不属于保健食品，即使添加了一些药食两用的功能性成分，也不能宣称其具有保健功效；月饼中功能性成分含量普遍较低，难以达到保健养生的功效。月饼实质上是一种高糖、高油、高脂的食品，如果长期大量摄入，对人体健康的危害远大于添加的微量功能性成分的作用。

月饼作为传统节日食品，它的属性应该是“文化”和“美食”。除了承载中秋团圆、欢聚的文化内涵，更多的是作为一种特定时间享用的美食。对于普通人，与其盲目地花更多的钱去追求其不太靠谱的养生功效，倒不如好好地享受普通月饼的美味，当然也不能暴饮暴食，尤其是糖尿病患者。

五 “‘吸脂可乐’能减肥”的真相

谣言

可口可乐公司于2017年在日本又推出了一款新产品——Coca Cola Plus，俗称“吸脂可乐”，一时间火爆网络。据说这款吸脂可乐，零糖分零卡路里，并且加入了“难消化性麦芽糊精”，不仅不会喝胖，还能越喝越瘦。

【谣言来源】

http://www.sohu.com/a/156308210_391503

新闻 体育 汽车 房产 旅游 教育 时尚 科技 财经

美食 > 正文

风靡岛国の神奇"吸脂可乐"来啦,敞开肚皮吃,竟不知不觉喝掉十斤肉!

周末做啥

142万

2017-07-11 20:00

轻食

每瓶 CocaCola plus（470ml）都含有5g“**难消化性麦芽糊精**”，就是水溶性膳食纤维。

这种物质主要的用途就是**抑制脂肪吸收。**

能有助减少餐后血液中中性脂肪的上升及减少脂肪吸收，小怪简单概括一下意思就是：**喝这个可乐就能吃不胖，还能减肥！**

辟谣

“吸脂可乐”中添加的成分“难消化性麦芽糊精”对甘油三酯（中性脂肪）虽有抑制作用，但是对于该公司关于“难消化性麦芽糊精”的实验，存在摄入量的作用效果不明显、实验数据不全面、实验仅证明“吸收缓慢”而非“不吸收”等问题，不足以支持“喝该可乐能够减肥”的结论。目前减肥的机理依旧是：能量摄入小于能量消耗。所以，结合量效关系，只依靠喝

"吸脂可乐"并不能达到减肥效果。

"吸脂可乐"真的无糖、无卡路里吗?

"吸脂可乐"成分

能量	蛋白质	脂质	碳水化合物	糖质
0kJ	0g	0g	5.2g	0g
糖	膳食纤维	食盐相当量	参与成分	咖啡因
0g	5.2g	0.08g	5g	45mg

从上面产品成分表来看，这款可乐和之前的"零度可乐"一样，没有添加糖（以几乎没有热量的甜味剂代替），并且是零卡路里。所以说，如果仅仅喝这款可乐，是不会变胖的。

吸脂可乐真的具备减肥功效吗?

网络上的宣传称，可口可乐公司耗时6年研发出来的这款Coca Cola Plus，其最大的亮点就是每瓶（470mL）可乐添加了约5g的"难消化性麦芽糊精"，能够增加饱腹感，减少食物摄入，并且抑制饭后血液中的中性脂肪的升高，此外，还有实验验证"难消化性麦芽糊精"对甘油三酯（中性脂肪）的抑制达到了7%（见下图）。

这个实验包含几个意思呢？大多数网友的理解和商家期望是一样的：理

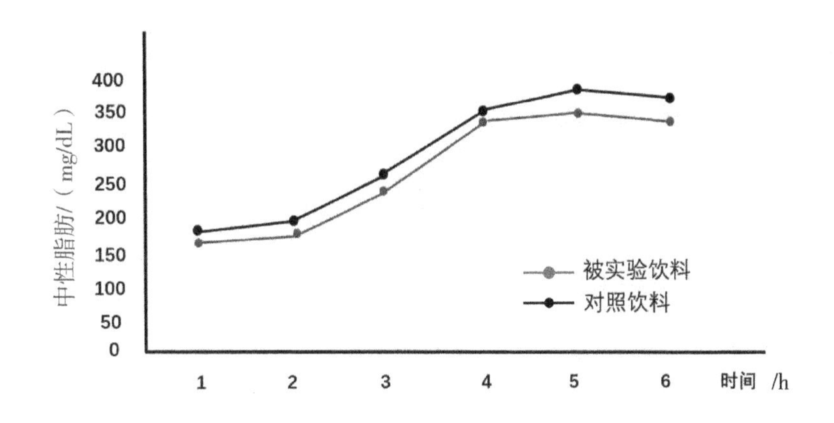

论上来说，因为加了“难消化性麦芽糊精”，所以喝这种可乐是能减肥的。而且，从图中看“吸脂可乐”对中性脂肪有7%抑制作用。

但是，经过认真推敲，还是能发现不少漏洞：①关于增加饱腹感，5g麦芽糊精的作用可能不太明显。与其说是麦芽糊精的作用，还不如说是其中约400mL水和二氧化碳的功劳。②“吸脂可乐”对甘油三酯（中性脂肪）有7%抑制作用的实验，缺少只喝白开水的空白组数据，实验并不全面。而且图表中，在高脂饮食后甘油三酯（中性脂肪）还是会上升，只是比对照组上升得慢一点而已。简单地说，“吸脂可乐”可能只是让你变胖的速度慢了一点点……

难消化性麦芽糊精

并不是说“难消化性麦芽糊精”就没有一点用处，接下来做出进一步的解读：

（1）什么是“难消化性麦芽糊精”

“难消化性麦芽糊精”原名抗性糊精，是一类水溶性膳食纤维，一般在食品工业中作为低热量可溶性食品原料使用，其主要信息如下表。

中文名称	抗性糊精	
英文名称	Resistant Dextrin	
基本信息	来源：食用淀粉	
生产工艺简述	以食用淀粉为原料，在酸性条件下经糊精化反应制得的一种膳食纤维	
质量要求	性状	白色至淡黄色粉末
	总膳食纤维（g/100g）	≥82（根据GB/T22224—2008第二法）
	水分（g/100g）	≤6
	灰分（g/100g）	≤0.5
	pH	4～6
其他需要说明的情况	卫生安全指标应符合我国相关标准要求	

（2）“难消化性麦芽糊精”的减肥功效

目前科学界的主流观点认为，膳食纤维干扰能量摄入至少通过以下3 种机制完成：①取代饮食中可利用的能量和营养素；②增加咀嚼动作，能够限制食物的摄入量并促进唾液和胃液的分泌，由此引起胃膨胀，增加饱腹感；③降低小肠的吸收效率。并且，有实验证明摄入高纤维量的人群肥胖率较低。下图为膳食纤维影响体重控制的生理机制。

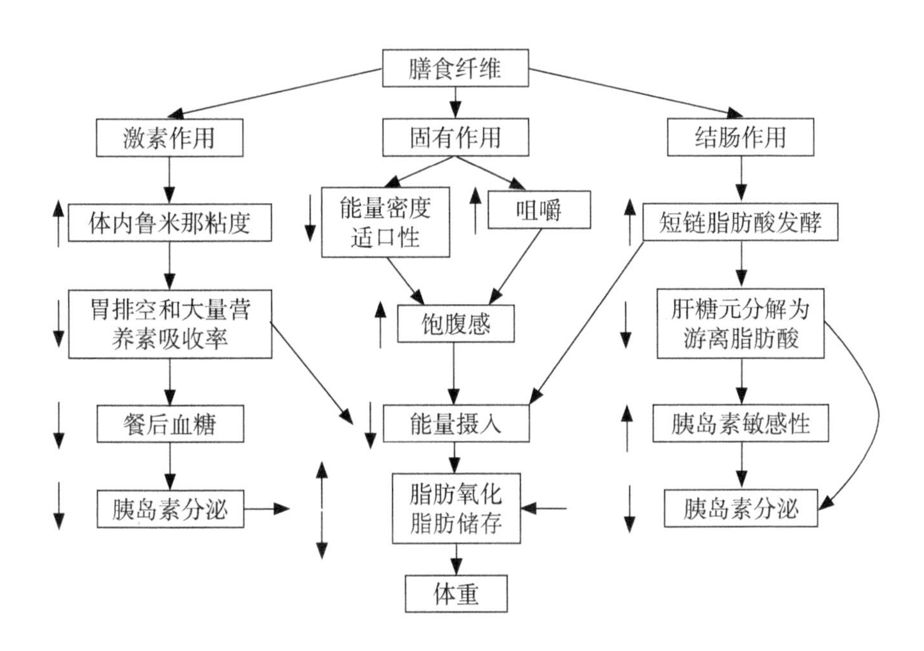

“难消化性麦芽糊精”作为最具代表性的一种水溶性膳食纤维，确实有助于体重的控制，对人体健康有积极作用。然而，仅仅5g的水溶性膳食纤维真的能达到减肥效果吗？答案是否定的。我国营养学会在2000年提出，成年人适宜摄入膳食纤维量为每日30g，而“富贵病”患者在此基础上应增加10～15g；2～20岁的青少年、幼童其摄入量推荐为5～10g。因此，考虑量效关系，如果仅仅依靠每瓶5g难消化性麦芽糊精的可乐，是难以达到减肥效果的。与其从可乐中摄入如此单一且量少的膳食纤维，还不如多吃燕麦、荞麦、豆类、薯类、胡萝卜、柑橘、空心菜、苹果……

结论

“吸脂可乐”中添加的成分“难消化性麦芽糊精” 对甘油三酯（中性脂肪）虽有抑制作用，但是对于该公司关于“难消化性麦芽糊精”的实验，存在摄入量的作用效果不明显、实验数据并不全面、实验仅证明“吸收缓慢”而非“不吸收”等问题，不足以支持“喝该可乐能够减肥”的结论。

截至目前，减肥的机理依旧是：能量摄入小于能量消耗。在喝吸脂可乐的同时，如果没有减少其他食物的摄入，甚至更加肆无忌惮地吃甜品、冰淇淋等高热量的食物，那么减肥依旧只是空谈。

六 “神奇保健品”蜂王浆是否确有奇效？

谣言

蜂王浆在世界很多国家，都被当作“神奇保健品”。很多商家和网站都煞有其事地称喝蜂王浆能改善营养、补充脑力，提高人体免疫力，预防癌症，增强食欲及吸收能力……

【谣言来源】

https://www.toutiao.com/i6405154518878650881/

今日头条 首页 / 健康 / 正文

是该给世界上最好的保健品——蜂王浆还以清白的时候了

所以说：是该给世界上最好的保健品——蜂王浆还以清白的时候了。

蜂王浆的主要功效

1. 蜂王浆富含维生素B和优质蛋白质，特别是含杀菌力强的王浆酸，因而为治癌良药；
2. 蜂王浆含乙酰胆碱，能使植物神经恢复正常，对治疗心血管病效果显著；
3. 蜂王浆内含有泛酸，可改善风湿症和关节病症状；
4. 蜂王浆含类胰岛素，具有调节血糖的功效，对糖尿病有较好效果；
5. 蜂王浆可强化肾上腺皮质机能，调节人体激素，有利于治疗更年期障碍症和慢性前列腺炎症；
6. 蜂王浆有促进造血功能作用，蜂王浆能增强人的基础体力，使人体衰老组织活化，服后食欲好，长精神，气色佳；
7. 蜂王浆含多种无机盐，能促进肝糖释放，促进代谢，因而可以美容，消除斑纹。

辟谣

蜂王浆确实含有很多对人体有益的成分，但是对于商家宣传的蜂王浆所具有的“神奇功效”暂时并无临床实验能够证明。在人们营养不足的过去，蜂王浆绝对是一种具有营养价值的产品，但是在营养摄入较为丰富的今天，蜂王浆的性价比就显得不那么高了，更不可能成为“神奇保健品”。

蜂王浆是什么?

蜂王浆是工蜂舌腺和上颚腺分泌的混合物，是一种乳白色或淡黄色，略带香甜味并有较强酸涩、辛辣气味的乳状物质。

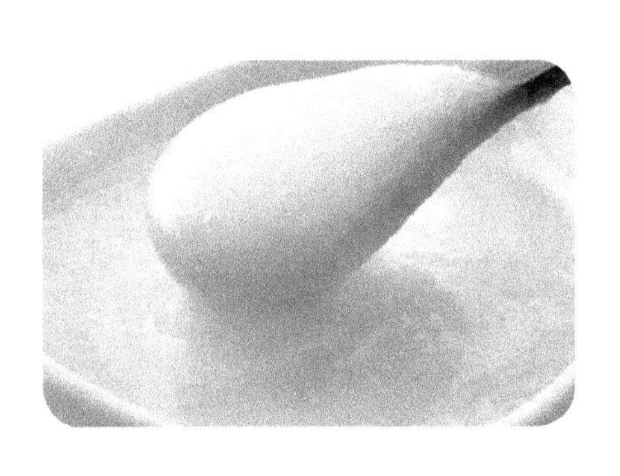

蜂王浆是工蜂分泌的物质，用于喂养蜜蜂的幼虫。如果幼虫没有被选作未来的蜂王，供给就会比较有限而且早早“断浆”，幼虫最后就成为工蜂。而对于成为王位继承人的幼虫，这种物质的供应就很充足而且终身不断。“蜂王浆”的名称，就是来源于此。

蜂王浆的成分相当复杂，一般含水量为62.5%~70%，干物质30%~37.5%。蜂王浆中含有多种氨基酸，其中含有人体必需的8 种氨基酸；清蛋白含量占蛋白质量的⅔、球蛋白含量占⅓，其清蛋白含量、球蛋白含量的比例与人血液中的比例相似。蜂王浆的特有成分为10-羟基-△2-癸烯酸，又叫王浆酸，有很好的杀菌、抑菌作用和抗癌、抗放射的功能。另外，蜂王浆不仅含有丰富的维生素，如乙酰胆碱、泛酸、叶酸、维生素B1等，还含有激素、无机盐、有机酸、酶、糖类等多种生物活性物质。

喝蜂王浆能不能养生?

虽然蜂王浆含有很多对人体有益的成分，但是不代表喝了就能养生。

众多商家对其蜂王浆的宣传有：改善营养、补充脑力、提高人体免疫力、预防心脑血管疾病、治疗贫血、消炎、止痛，促进伤口愈合、预防癌症、增强食欲及吸收能力等，或者列出它含有多少种“营养物质”以及含量，用以论证它具有“极高的营养价值”。但是这样的数据几乎没有任何实际的意义。人体需要的不是“多少种营养成分”，而是每种成分的量有多少。考虑到蜂王浆的服用量（不会有人像蜂王一样把它当作“主粮”）。这些列出来的营养成分都可以非常方便、便宜地从常规食物中获得，而且迄今为止也没有证据表明补充蜂王浆中的成分能够带来传说中的那些作用（指严谨的临床试验）。

要验证蜂王浆是否具有这些功效，必须用蜂王浆来做临床实验。而实际上，目前大多数实验还是动物实验，并且，这样的研究往往被认为有设计上的缺陷，结论不太靠谱。目前，只有“帮助降低胆固醇”有一些比较可信的“初步证据”。而“消炎”“调节免疫”“伤口愈合”和“抗生素”等，证据更加“初步”，经不起现代医学的推敲，不具有普适性。而吃到人体内到底如何，更是一直处于“有待研究”的状态。

结论

作为一款传统的养生保健产品，蜂王浆在人们营养摄入不够的过去，绝对是一种具有营养价值的产品，但时代发展到大家营养摄入比较丰富的今天，蜂王浆的性价比就显得不那么高。而商家追求的各种功效，就算承认动物实验，也需一次性摄入很高的量才能体现。所以，对蜂王浆增强体质等的保健功效不要期望太高。

七　吃巧克力可以减肥吗?

谣言

巧克力作为一种美食和情人节的礼物，深受大家欢迎。但因其脂肪高、热量高又常常让人却步。最近，网上一则报道却说：“吃巧克力不仅能减肥，还对身体有多种好处。”

【谣言来源】

浏览器 9.1

https://zhidao.baidu.com/question/2052108916498751827.html

跨屏浏览 | 吃巧克力可以减肥吗？_百度知道

吃巧克力可以减肥吗？

我来答

最佳答案

刘喜菊FK95C

推荐于2017-09-17

适量食用巧克力有助于减肥，在过去很长一段时间里，巧克力因其脂肪高、热量高而被列为一种应尽量避免的食品。但最近从巧克力信息中心（CIC）媒体见面会上传出信息，适量食用巧克力有助于减肥。最新的研究发现，并非所有的饱和脂肪都具有相同的作用，随着巧克力中饱和脂肪供能百分比的下降，人的体重也会显著减轻。巧克力不会升高血液中胆固醇浓度，原因是它所含的饱和脂肪酸中含有大量的硬脂酸和软脂酸。硬脂酸对胆固醇具有中性作用（不升高也不降低），而软脂酸则可以轻度降低胆固醇浓度。而单不饱和脂肪酸中的油酸可以降低体内胆固醇浓度。另外，单不饱和脂肪酸中的油酸和亚麻酸也具有抗氧化作用。因此，巧克力中的脂肪不仅不会造成肥胖，还对心血管系统具有潜在的益处。据了解，巧克力还能提供一些身体必需的矿物质和营养素以及占人体体重5%的20种常量元素中的钙、磷、镁、钾、钠等。存在于巧克力中的多酚可以延长体内其它抗氧化剂的作用时间，同时促进心血管舒张、抑制炎症反应和血凝块形成。

辟谣

市面上的巧克力，含糖量普遍偏高，有的高达50%。这样甜得发齁的巧克力产品，大量吃，热量十分高。所以指望吃这些巧克力减肥是行不通的。即使纯正的巧克力对健康有一定的帮助，但要在足够的数量下，这种作用才会产生。每天吃一点，对健康的帮助十分有限。

什么是巧克力?

巧克力（chocolate）是以糖和可可制品（包括可可脂、可可液块或可可粉）为原料制成的一种甜食。它最初来源于中美洲热带雨林中野生可可树的果实可可豆。1300 多年前，约克坦玛雅印第安人用焙炒过的可可豆做了一种饮料叫chocolate。经过发酵、干燥和焙炒之后的可可豆，加工成可可液块、可可脂和可可粉后会产生浓郁而独特的香味。

巧克力由多种原料混合而成，但其风味主要取决于可可自身的滋味。

可可中含有可可碱和咖啡碱，带来令人愉快的苦味；可可中的单宁质有淡淡的涩味，可可脂能产生肥腴滑爽的味感。可可的苦、涩、酸，可可脂的滑，借助砂糖乳粉、乳脂、麦芽、卵磷脂、香兰素等辅料，再经过精湛的加工工艺，使巧克力不仅保持了可可特有的滋味，而且令它更加谐和、愉悦和可口。

巧克力经过几百年的发展衍化，呈现出纷繁复杂的形态。既可直接食用，也可添加杏仁、榛子、乳制品等原料以增加不同的口感，还可被用来制作冰激凌、蛋糕、饼干等食品的夹心、涂层或裱花。

这么好吃的巧克力能减肥吗？对身体好吗？

回答这个问题的关键是：巧克力中含有多少糖。糖分是真正让人发胖的元凶，也是现代人产生很多文明病的主要原因。而市面上的巧克力，含糖量普遍偏高，有的高达50%。大量吃热量十分高的巧克力减肥，行得通吗？

巧克力企业当然想迎合大多数人的喜好，所以糖加得越来越多。同时，很多厂家为了改善风味，还加入乳脂肪；为了提高香味，还要加入香精；为了让口感细腻，加入乳化剂。为了降低成本，让巧克力更不容易受热融化，还会加入部分的代可可脂，这些代可可脂含有不利于心血管健康的反式脂肪酸。这样一来，制作出来的巧克力虽然甜美可口，但却很难谈得上有健康功效。

有没有不含糖的巧克力呢？

当然有，如果排除糖，巧克力的主要成分是可可脂和可可原浆。不含糖的巧克力一般被称为纯巧克力或者黑巧克力。这样的巧克力，只有部分人才能接受，因为口感非常苦涩。

纯巧克力有促进身体健康作用吗？

可可原浆中含有相当可观的多酚类物质，正是这些苦涩的成分，给巧克力带来了独特的风味，同时也带来有利于身体健康的特性。除此之外，巧克力还含有较多的人体必需微量元素：锌、镁、铁、钙、铜、锰、钾、氟及维生素B2。

已经有科学证明的健康特性包括：

（1）抗氧化作用，可以抑制LDL胆固醇氧化和血小板活化，清除自由基，防止DNA 损伤，在一定程度上降低心脏病的发生率和死亡率。

（2）食用巧克力有助于防止血管堵塞，从而防止心脏病、中风和高血压。

（3）降低胆固醇，有利于控制糖尿病，有助于防癌抗癌，有利于牙齿保健，治疗贫血效果好，优于止咳药的止咳功效，抑制忧郁情绪、缓解压力等。

但也不要被卖黑巧克力的商家忽悠了，因为，即使纯正巧克力对健康有一定的帮助，但要在足够的数量下，这种作用才会产生。每天吃一点，对健康的帮助十分有限。

纯巧克力能减肥吗?

黑巧克力，也就是纯巧克力，其能减肥的论文很多。其论据不外乎：

（1）低热量；

（2）巧克力中所含的咖啡因有抑制食欲的作用，并能促进人体新陈代谢；

（3）黑巧克力中的纤维素具有促进肠道蠕动的作用。

甚至有牛津大学分子生物学博士约翰·博安农的SCI文章证明。

但是，同样借助上面一段的结论：即使纯正巧克力对减肥有一定的帮助，但要在足够的数量下，这种作用才会产生。每天吃一点，对减肥的帮助十分有限。

而且，虽然黑巧克力中糖的量很低，但是还有很多酯类物质，吃多了，一样获取到大量能量，咖啡因那点功效，全被抵消了。

而上面提到的所谓SCI文章也被证明是虚构的。这只是博安农为了讽刺科学界乱象所做的一次实验，结论也是他瞎编的。最近，博安农又写了一篇《我是这样骗过成千上万人的》，详细叙述了他编造“新成果”的过程。

【知识点拓展】

第一点：如果你以为巧克力和巧克力制品是一样的，那你就错了。

我国的巧克力目前有两种分类方式：一是按照应用的油脂分为巧克力和代可可脂巧克力，非可可脂肪的添加量低于5%的称为“巧克力”，如果添加超过5%的则称为“代可可脂巧克力”；二是按照辅料的选用，分为“巧克力”和“巧克力制品”，巧克力制品使用了涂层、糖衣或夹心等食品辅料。

第二点：可可脂和代可可脂这对十分相像的姐妹到底有什么区别？

“可可脂”是巧克力的重要组分，赋予其“只溶在口，不溶在手”的特性。可可脂是一种非常独特的油脂，它既有硬度，溶解得又快，因其熔点在34～38 ℃，能够让巧克力在室温时保持固态，而又能够很快在口中融化。

目前市面上不少巧克力及巧克力制品使用了代可可脂（cocoa butter substitute）。代可可脂是一类能迅速熔化的人造油脂，在物理性能上接近可可脂，主要通过将植物油氢化而成，其价格比可可脂低很多，制成的代可可脂巧克力产品表面光泽良好，保持性好，入口无油腻感。代可可脂巧克力在制作巧克力过程中无需调温，且不会因温度差异而产生表面霜化。因此，不少商家选择用代可可脂来制作巧克力。

许多消费者对添加“代可可脂”的产品有较大争议，对因植物油加氢的氢化过程带入反式脂肪酸普遍存在健康忧虑。有不少专家对此表示，对于含可可脂的巧克力产品无需过于担心；对于代可可脂巧克力，只要控制好氢化过程并不超过限量，就不必过度担心这一问题。按照世界卫生组织、世界粮农组织在《膳食营养与慢性疾病》中的建议：反式脂肪酸最大摄取量不宜超过总能量的1%。比如，每天摄取能量在8368 kJ的人，摄取反式脂肪酸不超过2g就不会有问题。目前要求使用“代可可脂”的巧克力生产商要在配料和产品名称中标注“代可可脂巧克力”，并且在营养成分表中标注“反式脂肪酸”的含量，以便消费者知悉并自主选择。

八 白砂糖、冰糖和红糖各具保健功效吗

谣言

日常烹饪离不开调料，而糖就是一种调料。网络上以及一些商家宣称："生活中各种糖制品的制作工艺不同、成分不同，各自有着不同的保健功能。冰糖清肺热，白糖可解毒、调治急症，红糖可补血、活血……。"

【谣言来源】

jiankang.163.com/17/0330/16/CGPOUKVB00388045.html

网易健康 网易首页 应用 公开课 薄荷直播 网易考拉 严选

吃"糖"要吃对！白糖红糖冰糖各有什么用

2017-03-30 16:16:00 来源：家庭医生在线(广州) 举报

分享到：

我们生活中常吃到的糖有三种：白糖、红糖和冰糖。但平时使用时，很多人可能都没有想过它们的区别。其实，糖与糖的作用大有不同。

我们生活中常吃到的糖有三种：白糖、红糖和冰糖。但平时使用时，很多人可能都没有想过它们的区别。其实，白糖与红糖的作用大有不同，不能用错。比如着凉了喝姜糖水，一定要用红糖。如果糖加错了，不但没效果，有时还会适得其反。当用糖来调味，搭配食物的时候，首先要掌握一个大的原则，就是根据糖类的温性和凉性，来判断什么时候该用什么糖。

辟谣

在物资匮乏的过去，糖作为热量供应的主要来源，被赋予了美好的想象。但是在张口就能吃到糖的今天，为了健康，还是远离卖糖商家的忽悠吧。

白砂糖有保健功效吗?

各种糖是否拥有不同的功效？这要从白砂糖、黄糖、红糖、冰糖的制作工艺和成分说起。

白砂糖颗粒为结晶状，均匀，颜色洁白，甜味纯正，是食用糖中最主要的品种，在国外基本上食用糖都是白砂糖，在国内白砂糖占食用糖总量的90%以上。其生产是以甘蔗、甜菜为生产原料，通过榨汁、过滤、除杂、澄清、真空浓缩煮晶、脱蜜、洗糖、干燥后得到。经过这么多纯化步骤，色素、矿物质和各种杂质都被分离去除。终产品中蔗糖含量高于99.5%。白砂糖里99.5%都是蔗糖，你觉得能解什么毒？还能有什么保健功效？

红糖有保健功效吗？

红糖的种类包括赤砂糖（结晶颗粒较大）、红糖粉（结晶颗粒细小）、片糖、砖糖、碗糖（这三个使用模具不同）等。但不管如何，制作工艺都差不多，是以甘蔗为主要原料，再经小火熬煮浓缩。有些地方古法生产过程中要加石灰水，俗称点灰，每5kg蔗汁要加入石灰50～100g，目的是中和蔗汁中的酸性物质，起到澄清功效，产品质地会好一点。但是，石灰有害健康，这一点要小心。现在也有很多现代化方法不用加入石灰。红糖和白砂糖相比，没有那么多纯化过程，加上熬煮过程中糖发生了化学变化，所以颜色深红，也具有焦糖风味，含有甘蔗的一些风味物质和营养成分，是我国颇有特色的甜味剂。

因为工艺缺少精炼的过程，所以红糖肯定是多种物质的混合体，包含蔗糖大概80%～90%，还原糖1.5%～6.5%，水分2.5%～3.5%，其

他成分不到1%。

关于红糖的保健功效，有些人说，红糖因没有经过高度精练，几乎保留了蔗汁中的全部成分，含有微量元素，如铁、锌、锰、铬等，营养成分比白砂糖高很多。实际上，红糖中矿物质含量少于1%，维生素和一些活性成分因为加热熬煮，基本上被去掉了。多吃点水果和蔬菜就能补充大量的微量元素，为什么要冒着发胖的风险去吃红糖补充营养元素呢？至于红糖补血，是古代劳动人民以型补型的朴素想象，现代也有人说“红糖富含铁”，所以能够“补血”。但100g红糖中仅含有几毫克的铁，而且不易吸收。相同含量的高质量“铁”，吃猪肝仅需吃一口。

冰糖有保健功效吗？

冰糖是三种糖中工艺最复杂的，是在白砂糖的基础上增加再结晶工艺制得的。其生产方法主要有两种，第一种是“挂线结晶养大”，第二种是“投放晶种养大”。这两种方法都最终形成单晶冰糖。由于其结晶如冰状，故名冰糖，也叫“冰粮”。别以为有个冰字就能降肺火、排毒解毒。冰糖和白砂糖一样，含蔗糖量都是99%以上，是高纯蔗糖，没有任何功效，唯一的作用就是提供热量。

结论

不管是白糖、红糖还是冰糖，主流营养学界一致认为，多吃糖对健康是非常不利的。糖的摄入会增加龋齿和肥胖的风险，而肥胖又可能会增加患其他疾病的风险。世界卫生组织最新的糖摄入指南推荐，每天吃糖的量不超过50g，最好控制在25g以内。在物资匮乏的过去，红糖作为热量供应的主要来源，被赋予了美好的想象。但是在张口就能吃到糖的今天，为了健康，还是远离卖糖商家的忽悠吧。

九　感冒不能吃鸡蛋吗?

谣言

众所周知，鸡蛋营养丰富，人们日常生活中常常通过吃鸡蛋来获取每日所需的营养素，生病时也会第一时间想到吃鸡蛋来补充能量。然而网上却有人称：“感冒的时候不能吃鸡蛋，否则感冒会更难痊愈。”

【谣言来源】

https://zhidao.baidu.com/question/36787354.html

感冒了能不能吃鸡蛋?　我来答

最佳答案

处女座美妆达人 知道合伙人
来自知道合伙人认证团队　2018-07-07

感冒了不能吃鸡蛋，由于感冒胃肠道功能减弱，高蛋白不利于肠道消化吸收。

辟谣

感冒时人体内的消化酶活性降低，但还没到不能消化的状态，加上鸡蛋中的营养素齐全，能给感冒患者补充所需的营养物质，所以从营养的角度出发，感冒是能吃鸡蛋的。

感冒可以吃鸡蛋吗?

感冒是人们日常生活中常见的疾病，患了感冒，不少人会出现食欲减退、消化不良的症状。感冒是怎么来的呢？感冒其实是病毒、细菌等病原体侵入人体，人体对感染产生一种保护性反应。通过发热，刺激体内各防御器官共同抵抗病原体对人体的侵袭。但发热可使体内各种营养素的消耗增加；同时又会影响胃肠道的消化功能，使消化液分泌减少，消化酶的活力降低，胃肠蠕动减慢，常表现为食欲减退。然而，虽然感冒时人体内的消化酶活性降低，但还没到不能消化的状态，所以人的胃肠还是可以消化鸡蛋。鸡蛋中的营养素齐全，能给感冒患者补充所需的营养物质，所以从营养的角度出发，感冒是能吃鸡蛋的。

感冒时吃鸡蛋应注意什么?

尽管感冒中患者也能消化鸡蛋，但因为鸡蛋本身是高蛋白、高胆固醇的食物，前面也提到人在患感冒的时候，消化酶活性降低，胃肠蠕动减慢，那么就会存在消化鸡蛋困难这个问题。鸡蛋中的蛋白质若没有被胃肠道消化、吸收，就会被大肠中的细菌分解成胺类、尿素、硫化氢等有害物质，从而加重肝脏和肾脏的负担。所以感冒时吃鸡蛋时应注意烹饪方式和摄入量的问题。

那么吃多少鸡蛋是适量的呢？《中国居民膳食指南（2016）》指出每人每天摄入的鸡蛋量在40～50g之间比较好，也就是1～2个鸡蛋的量。

结论

鸡蛋富含人体所需的蛋白质、脂肪、磷脂质、矿物质、维生素等营养物质，一直是我国城乡人民重要的动物蛋白来源，而生病又需要补充足够的蛋白质。鸡蛋中的营养素齐全，能给感冒患者补充营养，所以感冒患者可以吃鸡蛋！但同时需注意摄入量，最好不要吃煎鸡蛋、炸鸡蛋及油量高的食品，吃煮鸡蛋或者蛋花羹会有利于消化。

十　把橄榄油作为唯一食用油可以吗?

谣言

橄榄油因其具有极佳的天然保健功效、美容功效和理想的烹调用途，被西方媒体赞誉为“液体黄金”“植物油皇后”和“地中海甘露”。于是有人认为：“橄榄油营养价值高，是最理想的食用油，长期吃对身体好。”

【谣言来源】

tieba.baidu.com/p/1392045890

研究表明，橄榄油如能长期食用，具有非常好的营养保健作用：　只看楼主　收藏　回复

QZX结识新朋友

托儿所

能够降低胆固醇，防止心血管疾病的发生。对由于胆固醇浓度过高引起的动脉硬化以及动脉硬化并发症、高血压、心脏病、心力衰竭、肾衰竭、脑出血等疾病均有非常明显的防治功效。

能够改善消化系统功能。有助于减少胃酸，防止发生胃炎、十二指肠溃疡等病，提高胃、脾、肠、肝和胆管的功能。刺激胆汁分泌，预防胆结石，减少胆囊炎的发生。

橄榄油(13363061178)具有温和轻泄剂的作用，早晨空腹服用两汤勺对缓解慢性便秘具有意想不到的功效。

辟谣

橄榄油并没有比其他植物油高许多的营养价值，人们有自身的膳食脂肪酸要求，单一的橄榄油并不能作为每个人最好的食用油，要结合自身体质以及所处环境的饮食习惯来选择最适合自己的食用油，正所谓合适的才是最好的。

什么是橄榄油?

橄榄油的原料来源是油橄榄果，榨油工艺与国内各种油的加工方式相同，包括冷榨、热榨、萃取等多种方式。根据制作工艺，分为三大类：初榨橄榄油（又称天然橄榄油，是直接从新鲜的橄榄果实中冷榨并除去异物后得到的橄榄油），精炼橄榄油（指酸度超过3.3%的初榨橄榄油精炼后所得到的橄榄油），果渣橄榄油（通过溶解法从油渣中提取并精炼而制成的橄榄油。）

橄榄油具有什么营养价值?

一种油和另一种油之所以不同，是因为油的脂肪酸组成不同。而大多数报道中油的保健功效也是指油中脂肪酸的功效。很多研究都表明，不饱和脂肪酸具有清除血栓、调节血脂、免疫调节等作用。植物油往往含不饱和脂肪酸较多，这也是大众口中植物油比动物油“健康”的依据。

橄榄油富含单不饱和脂肪酸，油酸含量超过70%；另外，每100g橄榄油中含有700mg有益于人体脂肪代谢的角鲨烯（一种含多酚类的高效抗氧化剂，可防止脂肪氧化）；橄榄油除了含上述营养素外，还富含维他命等维生素，这些物质结合，在一定程度上有利于阻止高血脂、动脉硬化和某些癌症的发生。当然，其他植物油中，抗氧化物质也有，例如著名的茶油。橄榄油的脂肪酸组成如下表：

橄榄油的脂肪酸组成

组成	质量分数/%
油酸（$C_{18:1}$）	55.0～83.0
亚油酸（$C_{18:2}$）	3.5～21.0
亚麻酸（$C_{18:3}$）	0.0～1.5
硬脂酸（$C_{18:0}$）	0.5～5.0
棕榈酸（$C_{16:1}$）	7.5～20.0

美国FDA在2004年批准橄榄油可以使用这么一条标注：“有限而非结论性的科学证据显示：由于橄榄油中含有单不饱和脂肪酸，每天吃两勺（23g）橄榄油有利于减少冠心病的风险。为了获得这一可能的益处，橄榄油需要被用于代替相似量的饱和脂肪并且不增加全天的卡路里摄入。”

请大家注意最后一句提示：橄榄油可以用于替代饱和脂肪，但需要注意也不能摄入过多，不能超过替代的脂肪的含量和热量。

橄榄油是最理想的食用油吗?

答案是否定的。橄榄油并没有比其他植物油有更高的营养价值；同时，健康需要我们多种油脂的平衡摄入。

膳食脂肪的重要来源是食用油，尤其是中国居民的膳食。以油的日均消费量为25～30g计，约占膳食总脂肪的40%。根据《中国居民膳食营养素参考摄入量》的推荐及中国居民膳食构成，给出了n-6和n-3多不饱和脂肪酸适宜比的推荐比值为（4～6）：1，而我国居民常用的食用油，除大豆油比较接近这一比值要求，低芥酸菜籽油含有较多n-3亚麻酸外，其他所有单一油，包括高端油的代表橄榄油，因其几乎不含n-3亚麻酸而不能达到DRIs（膳食营养素摄入量）推荐值。因此有必要将几种单一的油调和起来，使单不饱和脂肪酸供能约10%，多不饱和脂肪酸供能约10%，达到人体对亚油酸和亚麻酸等必需脂肪酸的需要。所以仅仅使用单一橄榄油为食用油并不能满足大多数人膳食脂肪酸的要求。

结论

许多人都知道橄榄油的营养价值高，因其富含单多不饱和脂肪酸而被追捧。然而人们有自身的膳食脂肪酸要求，单一的橄榄油并不能作为每个人最好的食用油，要结合自身体质以及所处环境的饮食习惯来选择最适合自己的食用油，正所谓合适的才是最好的。

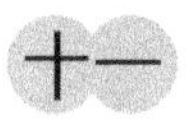

十一　长期吃煮的蔬菜真的有利无害吗?

谣言

现代文明社会的大鱼大肉，让一部分人胖了起来。很多人在与减肥和各种文明病作斗争的过程中用了一种减肥方法：蔬菜的脂类含量是非常低的，只要长期只吃水煮蔬菜，不沾油腥就能达到减肥和养生的目的。

【谣言来源】

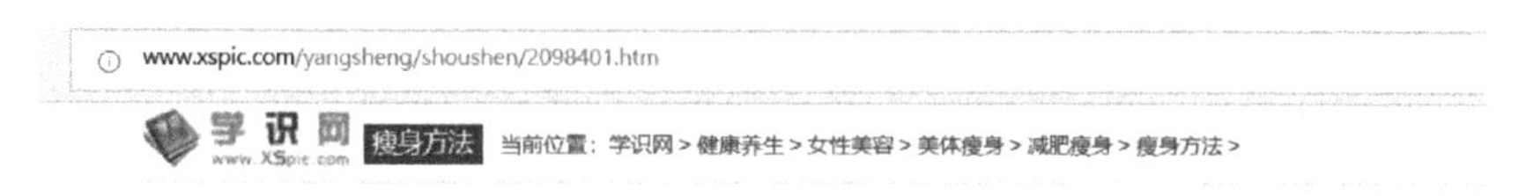
www.xspic.com/yangsheng/shoushen/2098401.htm

学识网 www.XSpic.com　瘦身方法　当前位置：学识网 > 健康养生 > 女性美容 > 美体瘦身 > 减肥瘦身 > 瘦身方法 >

长期吃水煮菜会瘦身吗

分享：

反馈意见：

视觉干扰　内容不宜　不感兴趣　其他原因

返回

关于减肥，节食是一项很重要的功课，而减肥的饮食中有一个很重要的环节就是吃水煮菜。那么具体是怎么样的，以下是学识网小编为你整理的吃水煮菜瘦身法，希望能帮到你。

吃水煮菜能瘦身吗

在说明这个问题之前，我们先讲述一下什么是水煮菜，水煮菜其实是一种统称，就是将各类的菜往已经烧开的开水中煮，等煮完之后就可以添加调料，或者捞起来后再添加，这样的一道菜就是水煮菜，而常用的菜就是白菜、金针菇、红萝卜、卷心菜等。吃这种菜，是可以很好减肥的，因为它本身摄入的能量不高，而且吃了会有很强的腹饱感，降低了人们食欲，同时因为菜里面富含纤维素，可以帮助肠胃挪动，这就很好地帮助减肥了。

辟谣

长时间吃水煮的蔬菜，对身体是有害的！不吃炒的菜有可能会导致脂类摄入不足、一些水溶性的营养物质也会获取不足，从而导致脂类缺乏的疾病、脂溶性物质缺乏疾病以及水溶性营养物质缺乏疾病。所以，日常饮食要杜绝极端吃法。

长期只吃水煮蔬菜不沾油腥就能减肥和养生吗?

众所周知，蔬菜含有维生素、矿物质，尤其是微量元素较为丰富而全面，而且还含有大量的膳食纤维，经常吃蔬菜对补充水溶性维生素和帮助消化有重要的意义。但蔬菜的脂类含量是非常低的，所以经常吃大鱼大肉的人群，突然改变饮食习惯，只吃素食，体重会明显降低，“三高”也会下降。但长期下来，反而会导致脂类物质摄入不足。

脂类摄入少不好吗？答案是否定的。人体是需要一定量的脂类物质的。按照《中国居民膳食指南（2016）》，我们每日的膳食，脂类摄入量最好维持在20%～30%之间。人体为什么需要这么高的脂类摄入量？这是因为脂类在人体内具有供给能量、构成机体组织、保护机体、润滑皮肤等功能，如果长期摄入脂类不足，这些功能就可能有所下降。

首先是脂类供给能量，如果长时间糖和脂肪摄入不足，人体内储存的脂肪含量相对较少，人体在饥饿时会消耗我们肌肉组织中的蛋白质来满足机体对脂肪的需要。肌肉被分解了，人就会变得四肢无力、面色暗淡无光。其次，脂类还是多种组织和细胞的组成成分，如细胞膜是由磷脂、糖脂和胆固醇等组成类脂层。脑髓和神经组织含有磷脂和糖脂，固醇则还是机体合成胆汁酸和固醇类激素的必需物质。所以，脂类摄入不足，身体各组织结构也会受到影响。再次，食物中脂类的存在还能帮助脂肪酸的摄入和脂溶性维生素的吸收。

所以，生活中一点油也不吃肯定是不行的，如果真的一点油也不摄入，以上脂类物质缺失导致的所有问题都会爆发，严重情况会带来很多疾病问题。例如，由于脂类摄入不足而造成维生素A的吸收障碍，长时间下来则有可能出现皮肤干燥、角质化等症状，爱美的女性可要注意了！

煮蔬菜会使水溶性营养物质损失

我们都知道，生命中所需要的营养素按溶解性来分，可以分为水溶性营养素和脂溶性营养素。蔬菜中的水溶性营养素是非常多的。所以，吃煮蔬菜，如果不把汤都喝完，水溶性营养素会大部分流失。但喝蔬菜汤的人想必是很少的。

营养素流失程度和煮的时间长短以及温度高低都有关系。例如，在煮菜过程中，一些水溶性维生素如维生素C、维生素B类极容易溶水损失，还有一部分会热分解损失；此外，矿物质和一些水溶性的多酚类抗氧化物质等，在煮菜的过程中也比较容易进入菜汤。

有些读者可能会疑惑：难道高温度的炒菜就不会造成水溶性营养素的损失？其实，炒菜的温度虽然比较高，但是相对于煮菜来说，烹饪的时间短而且不加入水，因此造成的可溶性营养素损失较小。尤其是挂浆油炸，反而有锁住水分、锁住营养素的功能。

如果一个人平时不怎么吃一些含维生素C的食物，但又经常吃煮的蔬菜的话，就会比较容易出现维生素C缺乏。当维生素C严重缺乏时会引起坏血病，皮肤毛囊会出现血点、伤口难以愈合等想象。

【辅助阅读】什么是必需脂肪酸和脂溶性维生素？

必需脂肪酸：脂肪所含的多种不饱和脂肪酸中，有的是机体的必需脂肪酸。它们除了是组织细胞，特别是细胞膜的结构成分外，还具有很重要的生理作用。

脂溶性维生素：食物脂肪有助于脂溶性维生素的吸收，脂溶性维生素只有溶解于脂肪中才能被人体吸收。脂溶性维生素包括维生素A、维生素D、维生素E、维生素K四种。

结论

长时间吃煮的蔬菜，对身体是有害的。不吃炒的菜有可能导致脂类摄入不足，一些水溶性的营养物质也会获取不足，从而导致脂类缺乏的疾病、脂溶性物质缺乏疾病以及水溶性营养物质缺乏疾病。所以，在日常饮食中还是要杜绝极端吃法，我们要遵循中国营养学会在《中国居民膳食指南（2016）》里总结的“食物多样，谷类为主；吃动平衡，健康体重；多吃蔬果、奶类、大豆；适量吃鱼、禽、蛋、瘦肉；少盐少油，控糖限酒；杜绝浪费，兴新食尚”，要吃不同种类的蔬菜，多尝试不同制作方法下的食物，这样营养摄入才会全面，身体才健康，才能做到“真养生”！

十二 吃生鸡蛋能提高营养价值吗？

谣言

世界各国都有吃生鸡蛋的食用方法，比如欧美国家不少人都有牛奶冲个新鲜鸡蛋的习惯，日本人吃米饭可以直接加个生鸡蛋搅拌然后食用。于是就有人说：“吃生鸡蛋好，能提高鸡蛋的营养价值。”

【谣言来源】

https://zhidao.baidu.com/question/1447695028035656380.html?fr=iks&word=%C9%FA%B3%

生喝鸡蛋有什么好处

我来答　分享　举报　浏览 233 次

6个回答

最佳答案

282726k
来自健康生活类芝麻团　推荐于2016-03-12

好处

1.健脑益智。鸡蛋黄中的卵磷脂、甘油三脂、胆固醇和卵黄素，对神经系统和身体发育有很大的作用，可避免老年人的智力衰退，并可改善各个年龄组的记忆力。 2.保护肝脏。鸡蛋中的蛋白质对肝脏组织损伤有修复作用。蛋黄中的卵磷脂可促进肝细胞的再生，还可提高人体血浆蛋白量，增强肌体的代谢功能和免疫功能。 3.防治动脉硬化。 4.预防癌症。鸡蛋中含有较多的维生素B2，可以分解和氧化人体内的致癌物质。鸡蛋中的微量元素，如硒、锌等也都具有防癌作用。 5.延缓衰老。鸡蛋含有人体几乎所有需要的营养物质，故被人们称做“理想的营养库”。

辟谣

生鸡蛋蛋白质的消化吸收率低于熟鸡蛋蛋白质，且生鸡蛋蛋清里的抗胰蛋白酶因子能破坏人体里的胰蛋白酶，阻碍蛋白的分解，不利于肠胃对蛋白质的消化吸收。除此之外，吃生鸡蛋还会有食物中毒的风险。

吃生鸡蛋更好吗?

生鸡蛋蛋白质的消化吸收率低于熟鸡蛋蛋白质。鸡蛋的氨基酸组成比例和人体需求非常相似，是非常好的蛋白质供应源。蛋白质进入我们口中后，需要经过肠胃消化，分解成小分子的氨基酸才能够被人体很好地吸收。如果入口之前，鸡蛋经过加热蒸煮之后，蛋白质会发生变性，原来紧密的结构就会变得松散，这样肠胃就能更好地吸收，减少负担。

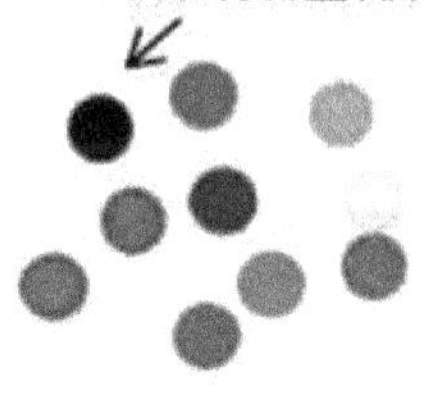

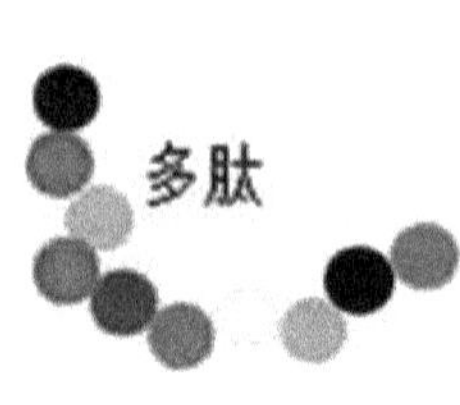

生鸡蛋蛋清里的抗胰蛋白酶因子能破坏人体里的胰蛋白酶，阻碍蛋白的分解，不利于肠胃对蛋白质的消化吸收。鸡蛋经过煮熟之后，这种抗胰蛋白酶因子被破坏，因此减轻肠胃的消化负担，使人体更好地吸收鸡蛋中的营养物质。

生鸡蛋无论从蛋白质结构还是从酶因子的影响来说，都比熟鸡蛋更难消化吸收。所以，从蛋白质的吸收角度来看，熟鸡蛋的营养价值更高。

生鸡蛋中细菌多、风险大

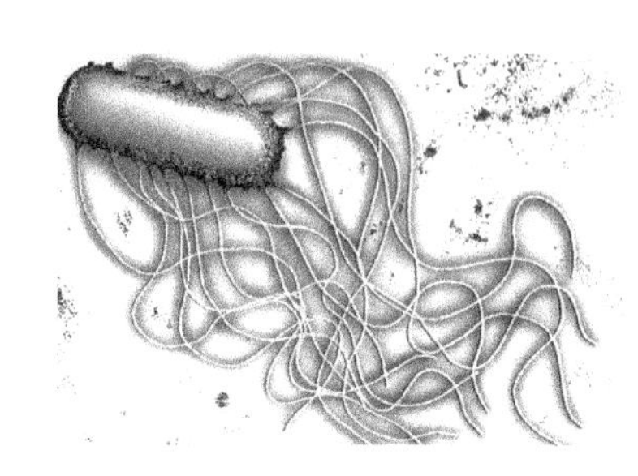

蛋白质吸收不好还不是吃生鸡蛋的主要风险问题，吃生鸡蛋的主要风险在于食物中毒。

根据实验资料显示，1100个市售鲜鸡蛋的蛋壳膜中分离鉴定出沙门氏菌30株，分离率达2.73%。沙门氏菌极其容易使人得病，出现呕吐、腹泻等症状。如果鸡蛋不新鲜，带菌的比例则会更高。

有的沙门氏菌生活在鸡、鸭等家禽的肠道和卵巢里，在鸡蛋形成的过程中，沙门氏菌通过卵巢进入鸡蛋中。而且在产蛋时，蛋壳表面也会被肛门里或者肛门表面的沙门氏菌污染，沙门氏菌能够通过蛋壳上的气孔侵入蛋内，对鸡蛋造成第二次污染。这对吃生鸡蛋的人来说极易造成沙门氏菌感染，导致患食源性寄生虫病、肠道病甚至食源性食物中毒。特别在禽流感比较流行的时期，吃生鸡蛋感染禽流感的概率是很大的。

但是，沙门氏菌极其害怕高温，通常情况下，将鸡蛋煮沸8～10min后，鸡蛋的里里外外的沙门氏菌就被杀灭。所以，全熟鸡蛋几乎不存在沙门氏菌感染的风险。

结论

无论是从鸡蛋的蛋白质吸收角度来讲，还是从鸡蛋的卫生对身体健康的影响来说，吃生鸡蛋是非常不可取的。此外，有些人会觉得七八分熟的鸡蛋很美味，但是半熟鸡蛋仍存在生鸡蛋的同类营养吸收问题。所以，从食品安全的角度来看，应该尽量食用营养易吸收又卫生的全熟鸡蛋。

十三 吃生肉类可促进营养吸收吗?

谣言

不少人偏爱日式鱼生、西餐生牛排、浙菜中的醉虾等"生肉美食",他们称"煮熟会把肉类中的营养物质破坏,肉类生吃更有利于营养吸收"。

【谣言来源】

生牛肉营养更丰富,因为没有完全经过高温烹饪,牛肉里面的蛋白质和生长激素被较好地保存下来,食用这种半生不熟的牛肉更能提供给人体所需要的营养物质。而且生吃牛肉比较安全,因为牛肉里面的牛肉绦虫虽然能寄生在人体内,但对人体构成 伤害较轻,牛肉绦虫虫卵不会感染人体。

辟谣

"肉类生吃更有营养"的说法是错误的!生牛肉中可能含有致病菌、寄生虫或者病毒。除非很确定生肉的来源及其安全性,否则对身体危害很大。

生肉营养比熟肉高吗?

生肉营养并不比熟肉高。烹煮肉类容易咀嚼、好消化(蛋白质变性后更容易被吸收)。人的肠道结构并不适合吃生肉,Adriana Heguy的一篇文章说:"我们是从猿而不是从肉食动物进化而来的,所以不是说我们原本就有吃生肉的能力,而逐渐'衰退'了。猿严格上来说并不算是肉食动物,大多数的猿都是食果动物或者食草动物。即使是经常吃肉的黑猩猩,它们三餐中肉的比重也只占很小一部分,而且它们要吃肉就吃新鲜的肉";"人类是一种杂食动物,而不是肉食动物,而且我们的消化液成分跟肉食动物也是不一样的。肉食动物在一定程度上甚至能消化骨头,我们也可以消化生肉(比如鞑靼牛排），但是我们从生肉中得到的营养要比吃熟肉得到的少”。所以，不光是肉，其他只要是烹饪过的食物，都更易于消化，并且还能摄取更多的热量。

人体的消化系统十分复杂，该系统是人体营养吸收的关键，好的饮食习惯从口腔开始，许多人都没有时间也没有耐心充分地咀嚼食物，还没有尝到味道就吞了下去，这样就导致食物分子过大，增加胃消化的负担。一般情况下，消化肉类需要近4个小时，胃肠道负担和需要的能量非常大，这也是为什么生病的人，通常医生会建议不要吃肉类蛋白质。实际上，生病不吃蛋白质身体恢复就会慢。这看起来是一个两难问题，但解决方法很简单，设法改善食物的消化吸收效率。比如，足够的搅拌，或者研磨成粉末，以及烹饪前拍打肉类，使其内部组织疏松，这样有利于吸收。煮熟的肉，蛋白质变性伸展，人体的各种蛋白酶也容易将其分解。没有分解的蛋白质片段，叫多肽，很有可能是过敏原。所以，还是吃熟肉比较好。

生牛肉可能含有致病菌

生牛肉中可能会被大肠杆菌O157：H7感染。大肠杆菌O157：H7是一种在人和动物肠道中较常见的菌群，它会引起人的出血性腹泻和肠炎。这种致病菌在75℃下一分钟被灭活。假如这一菌群污染到生牛肉当中，并且牛肉并未进行任何加热处理，致病菌就有可能存活下来。人一旦食用被大肠杆菌O157：H7感染的牛肉，后果可想而知。

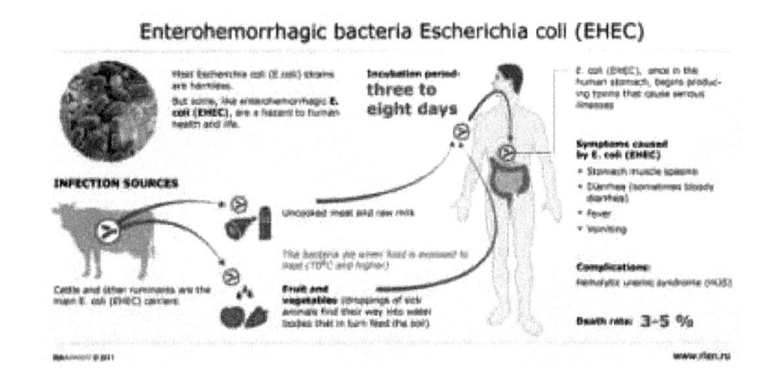

生牛肉还可能会被沙门氏菌感染。沙门氏菌是一种易于寄生在动物肠道

里面的菌群，人如果感染会引发中毒，导致恶心、呕吐、腹泻等。沙门氏菌同样在高温下不易存活，因此牛肉在一定温度下煮熟，沙门氏菌数目就会大大下降。

生牛肉中可能含有寄生虫

牛肉中容易寄生牛带绦虫的幼虫。幼虫会随人食用牛肉进入人体内，并寄生在体内，三个月左右就会变成虫，而牛带绦虫的成虫一般寄生于人体小肠里面。人体内一旦寄生了牛带绦虫就会引发牛带绦虫病。人患有牛带绦虫病会出现腹泻、腹痛、贫血等症状，严重者甚至会因并发症而死亡。一般食用没有煮熟的牛肉，感染牛带绦虫病的风险会大大增加。

据说在某爱吃生牛肉病人体内找到了长达500cm的虫。右图中这条虫叫牛肉绦虫，俗名牛带绦虫，属扁形动物门，绦虫纲，多节绦虫亚纲，圆叶目，带科。它是生吃动物性食品病例中常见的寄生虫。当牛食草时吞食虫卵后，卵在其十二指肠内孵化为六钩蚴虫，该幼虫穿过肠壁随血流或淋巴管，带至肌肉，两个月后发育为牛囊尾蚴。如果进食尚未熟透的牛肉，肉里的牛囊尾蚴没有被彻底杀灭，进食者就会被感染。牛肉绦虫进入人体后，三个月左右即可变为成虫。

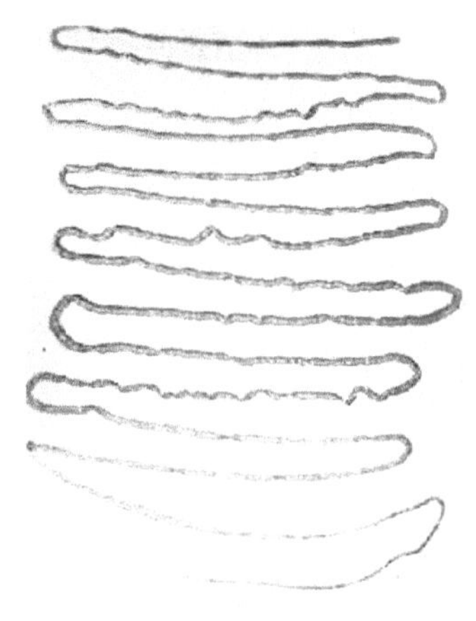

牛肉绦虫

除了牛肉外，猪肉也是容易被感染的对象，俗称米猪肉。

生吃猪肉牛肉的属于少数人，但有许多人吃比较“安全”的生海鲜。

实际上生海鲜也不安全。中国常见吃河鱼生鱼片感染的是肝吸虫案例。而海水鱼也可能携带寄生虫，以异尖线虫（Anisakis，如下图）最为臭名昭著，三文鱼、大马哈鱼、金枪鱼、海鲈鱼、鳕鱼、带鱼、海鳗、石斑鱼、鲱鱼、真鲷等，都可能被它感染，人类如果不小心食用，就会发生感染。如果加上海水的污染的因素，问题就更复杂了。

吃生肉还有病毒感染的风险

吃生肉类还会有感染病毒的危险：感染上肠胃炎型病毒、肝炎型病毒及其他疾病型病毒。最典型的是甲型肝炎病毒（Hepatitis A Virus，HAV）。上海20世纪爆发过一次甲肝流行病，是因为食用未煮熟的“毛蚶”造成的。

还有因吃用“海鲜姿造”造成甲型肝炎感染并至肝功能衰竭的报道。“海鲜姿造”是一种南方地区的典型吃法，它之所以出名，是因为吃法“保留海鲜最鲜嫩的部分”。在吃海鲜的时候，如果加热不彻底或者生吃被污染了的海鲜，就有感染甲型肝炎的风险。不过，当水、食物被加热到100℃时，大约5min就可以将其中的甲型肝炎病毒全部杀死。

冷冻、辣酱、芥末、烟熏、饮酒等都无法完全杀死有害细菌，只有充分加热才可以。所以，吃的时候尽量加热至熟透，最好不要生吃；如果确实要生吃，应选择在安全运输方面有保证的大品牌餐饮店。

结论

吃生肉并不利于营养的吸收，甚至还有各类食品安全风险！如果你有该类爱好或习惯，建议还是戒掉比较好。

小结

“伪养生”的存在由来已久，人们对自然科学了解得欠缺、大众认知跟不上工业化发展的速度，从而形成了一些错误的生活方式及认知。对于“伪养生”谣言的轻信，是由于个人对养生保健的需求与人们所具备的健康知识不对称，以及不负责任的媒体传播造成的“三人成虎”乱象。毋庸置疑，“伪养生”对个人乃至社会都造成了不可估量的影响，问题的解决需要多方面的共同努力。

在本部分内容里，按照伪养生食品的内容来分，主要包括“伪养生食用产品”和“伪养生食用方法”两大类；按照谣言类型来分，主要包括凭空杜撰型，如“养生月饼”；夸大其词型，如《“‘吸脂可乐’能减肥”的真相》中所述的“吸脂可乐”可减肥；以偏概全型，如“养生红酒”。

面对良莠不齐的养生内容，一般情况下，我们可以根据中国营养学会在《中国居民膳食指南（2016）》里总结的“食物多样，谷类为主; 吃动平衡，健康体重; 多吃蔬果、奶类、大豆; 适量吃鱼、禽、蛋、瘦肉; 少盐少油，控糖限酒; 杜绝浪费，兴新食尚”作为判断依据和指南。如果是与之对应人群膳食指南相一致的做法，即为正确的“养生之道”；否则，很可能为“伪养生”。生病人群或特殊阶段的膳食应该听从正规医院医生的指导。对于一些不了解的膳食方式、“养生”问题，可以多问几个“为什么”，用“知其然并知其所以然”的态度了解生活，这样可提升认识的水平并有效地区分真伪“养生”。

05 第五部分

真的“假”不了

前两部分，我们已经见识了谣言是如何将好好的食品变成了“毒”食品、“癌”食品。本部分的谣言竟然将“真”食品都说成了“假”食品，造谣者将形状、颜色、质地相似的非食品材料硬往食品上嫁接，通过刻意暗示的方法进行造谣。这类谣言的出现，不光让消费者在挑选食品的时候心存疑虑，更是让正规的生产企业蒙受巨大损失。例如“塑料紫菜”谣言出现后，某生产紫菜的公司，其产品在黑龙江、广西、甘肃等地多家超市下架，18家经销商退货，退货金额达468万余元。谣言不光冲击生产企业，还冲击到养殖户，相关产业链受到严重打击。

针对以上现象，本部分选取7个案例，对7个谣言进行分析驳斥，揭开“假”食品谣言的面纱，还合规的食品一个清白，真的“假”不了。

一　重出江湖的塑料大米

谣言

2017年，一个“塑料大米”的视频开始火爆流传，一个小伙子站在一台机器旁，不断地把塑料制品投入机器的进料口，经过破碎、熔融、切割、拉丝、切粒等工序，最终生产出类似米粒的白色小颗粒。视频同时配出字幕，宣称这就是“塑料大米”加工流程。

【谣言来源】

辟谣

“塑料大米”视频就是一个人为制造的谣言！而且塑料颗粒的价格通常比大米更贵，商家根本不可能用塑料代替大米造假。

类似事件回顾

2011年，南京某市民在米袋子里挑拣出十几颗相同的“塑料米粒”。但最终未能证实这个所谓“塑料米粒”是厂家蓄意制造、批发的。

2016年，尼日利亚查获一批102袋走私进入尼日利亚的“塑料大米”，引起极大反响。但随后，尼日利亚官方公布了沸沸扬扬的“塑料大米”事件的调查结果。结果显示，这些大米并非塑料所制，但因为霉变不能食用。

2017年，“塑料大米”视频流出。

塑料颗粒VS大米

视频中这些颗粒状的白色固体在塑料行业很常见，业内称之为“再生白色透明塑料颗粒”（简称“塑料颗粒”），常作为再次制成塑料制品的半成品原料，如服装配件、建筑建材等。

塑料颗粒的生产工艺通常包括破碎、熔融、切粒等。常见的生产设备如下图：

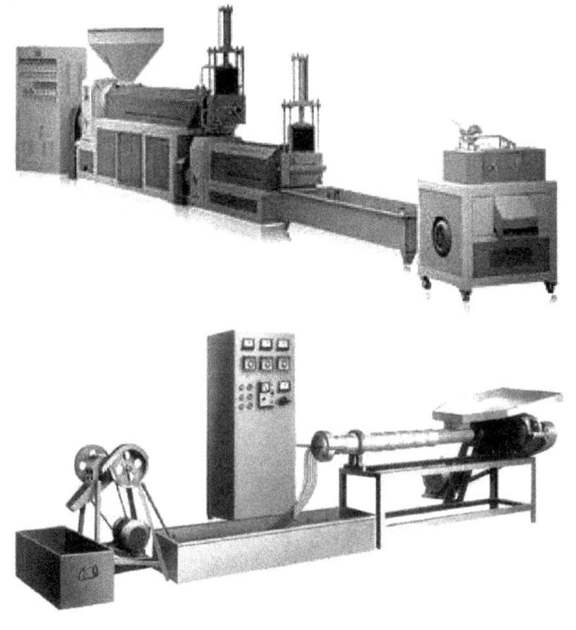

看到这里，大家是否也觉得这类机器似曾相识？

没错！其实网传的“塑料大米”视频，就是这种塑料颗粒的生产流程。视频中的塑料颗粒和生产流程都是真实的，只是某些别有用心的人配上字幕，视频摇身一变就成了“塑料大米”的谣言。

塑料颗粒与大米如何鉴别?

说到这里，有些消费者可能会说：如果真的有黑心厂家把塑料颗粒混入大米中售卖怎么办?

其实，大家无需担心这一点：正规的企业采购、售卖大米的过程都有完善的管理规范，出现失误的可能性极低；而且正规渠道出售的大米都是经过国标检测的，完全可以放心食用。

如果仍有读者不放心，可以参照以下的鉴别方式证实自己吃的是真大米。

鉴别方法	正常大米	塑料大米
按压	无弹性	有弹性
点燃	无法点燃	点燃后有塑料的焦臭味
放入水中	沉到水底	可以漂浮在水面上

在这里还是要告诉大家：塑料颗粒的价格通常比大米贵很多，以盈利为目的的商家，是不可能把塑料颗粒当成大米来售卖的。

结论

“塑料大米”视频谣言传出后，导致某品牌的大米销售额与以往相比减少了30%，给厂家带来了很大的损失。据后续报道，视频拍摄者因虚构事实扰乱公共秩序被行政拘留5日。这个事件告诫大家，要时刻注意自己的言行，否则会受到法律制裁。

谣言止于智者。随着食品法律法规的不断完善和对不规范食品企业的整顿，以及对造假、售假企业和个人的严惩，食品行业正步入正轨，希望我们每一个人能理智地看待每一次的食品安全风波。正如中国人民大学教授郑风田指出：谣言不可怕，可怕的是为什么有那么多人相信，并去传播谣言。

 橡胶做的面条

谣言

在朋友圈的一个视频中，一位年纪较大的女性消费者向观众展示，一把泡了一上午的面条，手一捏，就会团成一块像“口香糖”一样的东西，也无法溶解，十分有弹性。为此，这位消费者断言，“这肯定是橡胶做的，不能吃。”

【谣言来源】

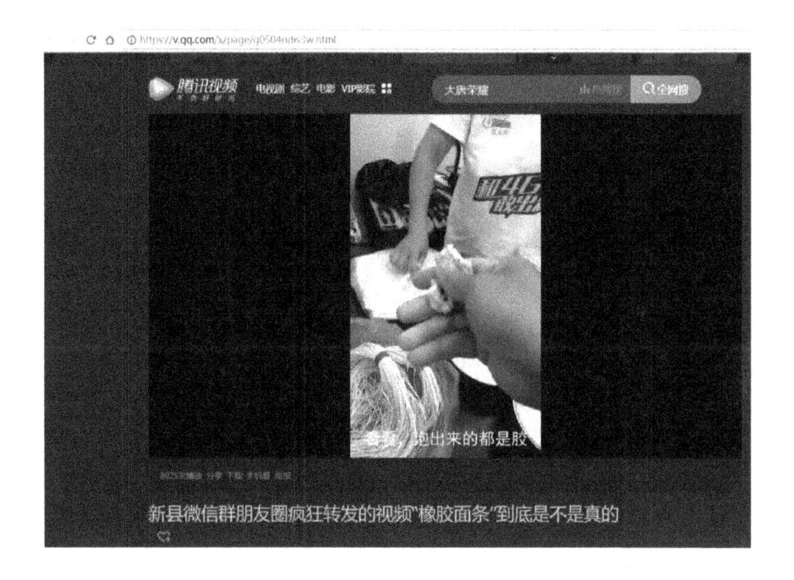

辟谣

面条在水中浸泡搓揉后出现的白色胶状物为“面筋”。面条中添加的“胶”为食用胶，起到增稠作用，并非橡胶。生活中可通过干烧、水煮、拉扯、滴试剂等方法来区分面条和橡胶。

面条VS橡胶

（1）视频中的现象是否为真?

首先将一小把折断的挂面，放在盛满凉水的烧杯中。大约一个小时后，

挂面全部软化以后浸泡在水中，原先透明的水也开始呈现乳白色。这时用手不停搅拌水中的挂面，并不断揉搓后，挂面开始黏在一起。随着面条在水中不停地揉搓，确实如视频中所说，面团逐渐出现白色的胶状物，而且不溶于水，如下图所示。

（2）面条中的白色胶状物是人们所说的橡胶吗？

这一团白色胶状物质当然不是橡胶，而是北方人所说的“面筋”。面条筋道的秘密就在于面筋，也就是面粉中的蛋白质。如果你将面团、面条放在水里反复搓洗，面条中的淀粉和水溶性成分就会分离，剩下的具有黏性、延伸性而不溶于水的物质就是面筋。

面筋蛋白主要有两种，分别是麦醇溶蛋白和麦谷蛋白。它们可以相互结合，形成复杂网络结构。蛋白质是面条的骨架，其含量和结构的细微差异赋予面粉不同的加工性能。如果蛋白质含量太低，面条韧性、弹性不足，加工的时候容易断裂，煮的时候容易混汤。如果蛋白质过多，面条韧性过强，虽然耐煮，但也不容易煮透，导致口感不佳。

（3）面条中是否含有胶？

面条中确实含有胶，但是这个“胶”并非胶水或工业胶，而是食用胶，学名增稠剂，也叫作可溶性膳食纤维。现代工业生产的面条，里面确实有一些食用添加剂。按照食品安全国家标准的要求，在面条中使用增稠剂合法合规，消费者不必恐慌。当然不用增稠剂也有替代办法，比如加入魔芋粉。魔芋的主要成分也是高分子多糖，它能起到与增稠剂一样的作用。

如何区分面条和橡胶?

尽管上述已说明面条中的胶并非橡胶，但是还会有读者对自己购买的面条心存疑虑，那么到底如何区分面条和橡胶面条呢？接下来，教你四招区分面条和橡胶。

● 第一招：干烧。

面条燃烧时，燃烧速度不算太快，燃烧时没有什么声音，有白烟冒出，会有一股淡淡的味道，但并不刺鼻。烧完后的面条灰烬均为黑色条状。手指碰时，灰烬很快就碎了，和纸片烧完后的灰烬形态很相近。

而将橡胶做的橡皮筋点燃，燃烧速度比面条快很多，而且火焰也比较大。橡胶燃烧时同样不发出声音，会有刺鼻的味道传出。燃烧时，橡皮筋会有黑色油状“液体”滴落，用手触碰时，黑色油状的液体并不凝固，气味十分难闻，非常臭，而且很难洗掉。

● 第二招：水煮。

将面条和橡皮筋全部放在热水中，隔水蒸煮。煮沸后的挂面，明显变软。将煮熟后的面条全部放在清水中，盛有面条的水明显变成了乳白色。

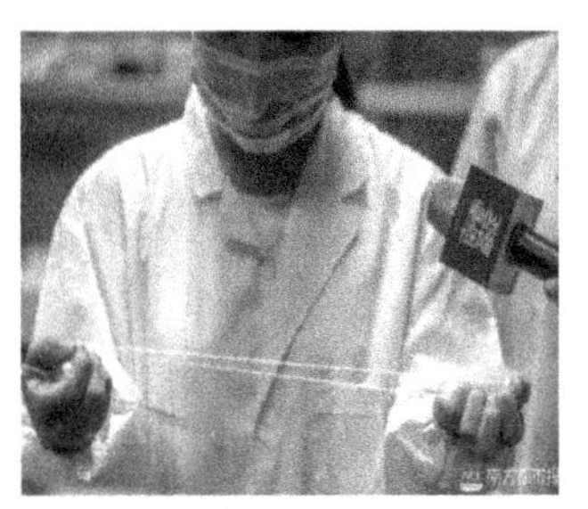

而作为橡胶代表的橡皮筋，不管用水如何蒸煮，外形都没有发生明显变化。橡皮筋所在水杯中的水的颜色也没有发生丝毫变化。“在耐高温方面，橡胶明显要比面条高很多。”通过水煮可以发现，面条和橡胶会有明显的不同。

● 第三招：拉扯。

对面条进行拉扯你会发现，干的挂面，很容易折断。经过蒸煮的面条，柔韧性比面条保持在干燥状态时有所增加，有一定弹性，但这个弹性十分有限。力气稍微大点，面条就能被扯断。

而橡皮筋不管在干燥状态，还是在水煮之后，一直都是弹性十足。煮过的橡皮筋依然保持着和初始状态一样的弹性，不能拉断。这是因为橡胶有一定的耐热性，水煮的温度下，不会发生太大的改变。

● 第四招：滴试剂。

普通挂面里都是含有蛋白质的，蛋白质有个特性，在碱性条件下，遇到淡蓝色的硫酸铜溶液就会变成紫色，如右图所示，而橡胶不含蛋白质，是不会变色的。通过这个实验，很容易就能区别面条和橡胶。

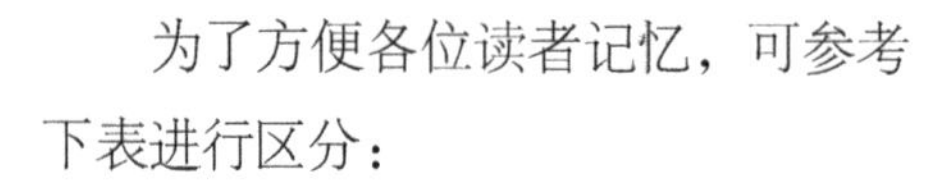

为了方便各位读者记忆，可参考下表进行区分：

检验方法	面　条	橡　胶
干烧	面条烧后有淡淡味道	橡胶一烧有刺鼻味道
水煮	面条煮后就软，且清水变成乳白色	橡皮筋和水都无明显变化
拉扯	面条不管干湿一扯就断	橡皮筋一直弹性十足
滴试剂	遇到淡蓝色的硫酸铜溶液就会变成紫色	遇到淡蓝色的硫酸铜溶液不会变成紫色

结论

“橡胶面条”纯属无稽之谈，和“塑料食品”一样，纯粹是谣言。该谣言出现后，河北省沙河市公安局正式对“挂面含胶”造谣案件立案侦查，历时四个多月，辗转湖北、湖南、河南等15个省市，最终破获此案，并刑事拘留1人，行政处罚19人。

在面条中加入橡胶还要保证不被消费者发现，除了难度系数很大之外，造假成本也是相当大的，商家根本无利可图。因此纯粹是无中生有。若今后再遇到类似谣言，读者一定要擦亮眼睛，切勿成为谣言的传播者。

三 疯狂的塑料粉丝

谣言

2017年2月各媒体疯转“塑料粉丝”视频。视频中一位自称是孕妇的女士取出一捆某品牌粉丝，用打火机点燃后，“惊奇而愤怒”地发现该粉丝极易燃烧，且燃烧过程中伴有“噼啪”的脆响，燃烧终了粉丝变成一堆黑色的残余物。因此，她断定这种粉丝是黑心企业用“塑料”制成的“塑料粉丝”。

【谣言来源】

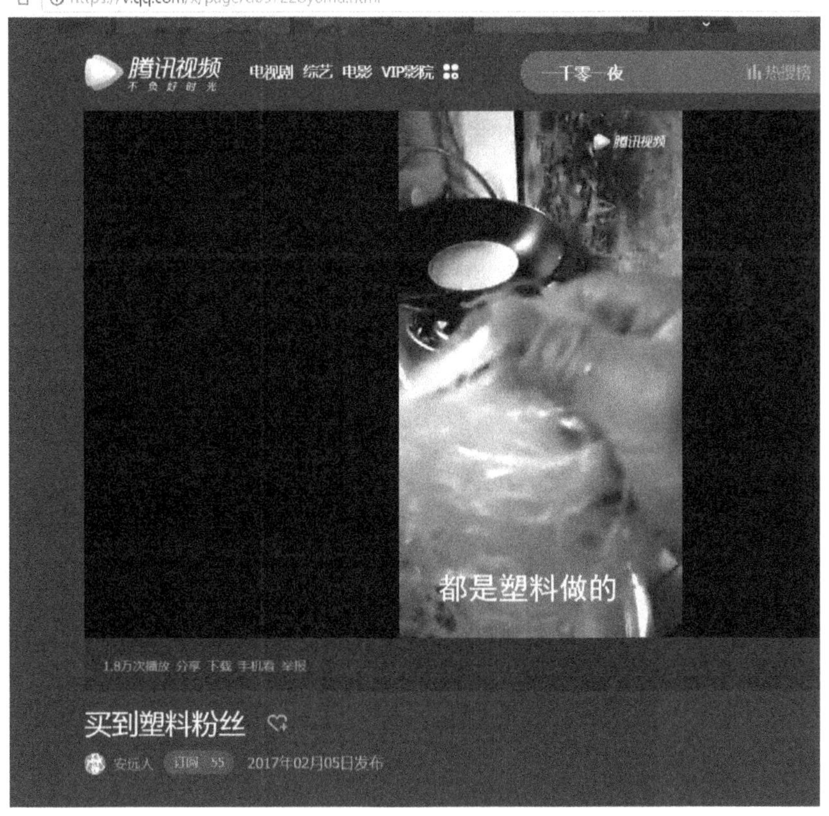

辟谣

粉丝的主要成分是淀粉且含水量少，能够满足燃烧三要素，是可以燃烧的。在燃烧过程中，蓬松结构中的氧气消耗，造成一定真空，再由于外部空气的挤压作用，会发出“噼啪”的脆响。燃烧后的黑色的残余物其实是粉丝中矿物质和蛋白质中的氮、磷等元素在燃烧后形成的产物。

塑料VS粉丝

（1）能燃烧的粉丝是塑料吗?

让我们先来看看燃烧的三个基本条件：可燃物、温度、助燃物（一般为氧气）。第一，粉丝主要成分为淀粉，和稻草、秸秆、纸张相同，构成元素都是碳、氧和氢，非常容易燃烧；第二，温度，也即着火点。成品粉丝的着火点非常低，非常容易点燃；第三，粉丝的蓬松结构，也有利于粉丝和助燃物——氧气进行接触。大家可以想象一下烧一沓厚厚的纸张，一张张搓开来才好点燃，所以，粉丝能够燃烧实属正常现象。那视频中提到的“噼里啪啦”的声音是塑料燃烧的特征吗？答案也是否定的。因为粉丝燃烧过程中，蓬松结构中的氧气消耗，造成一定真空，再由于外部空气的挤压作用，使其发出异响。

（2）视频中提到的黑色残余物是什么?

黑色的残余物其实是粉丝中矿物质和蛋白质中的氮、磷等元素在燃烧后形成的产物。所以说，视频中因为粉丝能够燃烧并发出声响，最后形成黑色残余物而判定粉丝是塑料做的，完全就是谣言。

【辅助阅读】粉丝生产工艺

粉丝的易燃特性也与其生产工艺息息相关，生产粉丝的常用原材料包括地瓜、土豆、红薯、绿豆、豌豆等。粉丝制作的工艺一般有五步，第一步打浆：用热水调制得到粉芡；第二步调粉：加入乳化剂，混匀搅拌；第三步漏粉：用漏瓢漏下呈粉丝状的面糊；第四步冷却、漂白：用小竿挑起粉丝，拉到冷水缸中冷却，以增加粉丝的弹性。冷却后放入酸浆中浸泡，捞起凉透，再用清水清洗；第五步干燥：将粉丝运往晒场，晾干。

由以上的工艺流程可以看出，在粉丝制作过程中不需要添加塑料。而且它的制作工艺也决定了制成成品的粉丝含水量少、易燃烧的特点，故不可因为粉丝可燃且残余有黑色物质就判定为塑料。

一张表学会辨别真假粉丝

除了上述理论知识能够判别塑料粉丝为谣言之外，通过以下方法也能够分辨塑料粉丝和真粉丝。

鉴别方法	点燃	放入水中	加水浸泡	用水冲洗	拉拽
真粉丝	发出“噼里啪啦”脆响，最终形成黑色灰分	沉入水底	吸水膨胀、变软	吸附水分	容易断裂
塑料粉丝	先烧成油状，后皱缩成一团，有刺鼻气味黑烟产生	一般塑料制品（PVC等部分材料除外）会浮在水面	仍然保持原有质地	形成水珠	有一定弹性，不易断裂

结论

至此，相信大家已经了解到粉丝燃烧的真相。视频被疯转的原因就在于视频中的女士“有意无意”地利用了人们对伪劣食品的嫉恶，对怀孕妈妈这一相对弱势群体的同情心理，对食品安全问题的恐慌心理，对食品安全知识了解不足，从而赚足了网络点击量。

据报道，中国食品工业协会已联合相关企业，向公安机关报案，将全力追查谣言散布者，并严肃追究其法律责任，从而有效地遏制了谣言的进一步扩散。

四 鉴别纯粮食酒

谣言

最近，一个鉴别真假酒的小视频引起了各方面的关注，视频中的人说：“白酒厂家为了混淆视听，只敢写明此酒属于浓香型白酒，不敢写明是粮食酿造还是勾兑而成。”他还说：“除了固态发酵白酒，其它白酒都是勾兑而成的，而厂家在配料上不明确标注。加等量水会变浑浊的白酒是纯粮食酒，而不会变浑浊的白酒则是用酒精勾兑的。”

【谣言来源】

辟谣

浓香型白酒是以粮谷为原料制作而成的，未添加食用酒精及非白酒发酵产生的呈香味物质，因此，浓香型白酒也属于纯粮食酒；大部分白酒生产企业都会选择在出厂前加上“降低高级脂肪酸酯”的工艺，所以纯粮食酿的白酒也有可能不浑浊！

浓香型白酒是不是粮食酿造？

视频中男子说，厂家只根据GB/T10781.1来标注酒是否浓香型的白酒，不敢表明是不是粮食酿造的。那我们来看看这个标准中是怎么定义的。根据《中华人民共和国国家标准　浓香型白酒》（GB/T10781.1）中的定义，浓香型白酒是以粮谷为原料，经传统固态法发酵、蒸馏、陈酿、勾兑而成的，未添加食用酒精及非白酒发酵产生的呈香呈味物质，具有以乙酸乙酯为主体复合香的白酒。

因此，浓香型白酒也是固态法发酵的白酒，属于视频中男子所说的纯粮食酒，并不存在男子所说的厂家混淆视听。白酒的分类方法并非只有按制作工艺分类，还可以按香型、酒质、酒度数高低来分类。而按香型的分类方法方便消费者选择不同风味的白酒。

勾兑=假酒或者低档酒吗?

视频中男子口口声声说除了固态法发酵的白酒外，其他白酒都是勾兑而成的，而厂家在配料上不明确标注。这句话也是不对的。其实，大家对“勾兑”有误解，勾兑的白酒并不是兑水的白酒。“勾兑”其实是白酒酿造中非常重要且必不可少的一个工艺。从上面浓香型白酒的定义来看，浓香型白酒也需要勾兑。就像世界上没有两片一模一样的树叶一样，不同车间酿造出来的白酒味道也不可能是一模一样的，所以还需要靠勾兑来统一口味，协调香味。勾兑不是简单地向酒里掺水，它包括了不同基础酒的组合和调味，是使酒保持独有风格的专门技术。因此，不论是哪一种工艺的白酒，都需要勾兑。

而为了遏制商家以白酒标签来欺诈消费者，2013年11月28日，国家食药监局发出《关于进一步加强白酒质量安全监督管理工作的通知》，其中规定：液态法白酒标签必须标注食用酒精、水和使用的食品添加剂，不得标注原料为高粱、小麦等；固液法白酒中必须有30%的固态法白酒，不能只标注原料为高粱、小麦等，同时也要标注食用酒精等内容。

白酒加水变浑浊的才是纯粮食酿造?

视频中的男子称加了水产生白色浑浊的白酒是纯粮食酒，而另一杯是酒精勾兑的白酒。杀伤力最大的谣言就是半真半假的谣言。这一段，就半真半假的典型。

男子在视频中说粮食发酵变成酒精会产生“酸、脂、醇、醛、酮”，在这里需要纠正一下该男子所说的“脂”应该是酯类，它是白酒呈香的主要物质。前面浓香型白酒的定义中也提到了浓香型白酒是具有以乙酸乙酯为主体复合香的白酒，这里的乙酸乙酯就是浓香型白酒呈香的酯类物质。而视频中男子将白酒兑水之后产生的浑浊，其实是油性高级脂肪酸酯的析出，而兑水出现浑浊确实是鉴定固态法生产白酒的一个简单方法。这是因为固态法生产的白酒中微量物质成分含量丰富，当兑水后酒精度降低，醇溶性物质溶解度会降低，其中部分物质析出而产生沉淀，也叫作失光。引起失光的主要微量物质为高级脂肪酸及其酯类衍生物。高级脂肪酸为醇溶性物质，此类高级脂肪酸乙酯主要有：棕榈酸乙酯、油酸乙酯、亚油酸乙酯等。酒精酒之所以降度后不会失光，是因为其中微量成分含量较少，物质种类较单一。到此为止，知识点还算是对的。

但是，固态法生产的白酒也有可能不浑浊！在我们国家标准中，白酒感官指标是：无色(微黄)、清亮透明、无悬浮物、无沉淀、无杂质。而上面提到的高级脂肪酸乙酯在酒精度降低（低度酒）和低温下（寒冷地区）容易析出，从而影响观感，所以大部分白酒生产企业都会选择在出厂前加上"降低高级脂肪酸酯"的工艺。降低白酒中高级脂肪酸酯常用的有两种方法：一是利用高级脂肪酸乙酯集中在蒸馏前期和后期的特点，进行分段摘酒来有效控制其含量；二是利用净化处理技术，进行冷冻过滤处理，可以去除酒中大部分高级脂肪酸乙酯的含量，防止酒体浑浊。不同的白酒生产厂家，净化过滤设备的强度标准有所不同，生产的白酒中高级脂肪酸酯的含量也有所不同，所以有些优质纯粮固态发酵的高档白酒加水并不会变浑浊。值得注意的是，如果往以食用酒精为主体的白酒中添加了高级脂肪酸乙酯这类物质，加水也会变浑浊的！很多不良商家趁机宣扬白酒加水变浑浊就是纯粮食酒，其实是在卖假酒。这种视频不光帮他们洗白，也会冤枉一些真正纯粮白酒。

结论

该视频多处出现概念错误，虽有部分知识点正确，但也混淆了视听。白酒加水变不变浑浊，既不能说明是纯粮食酒，也不能说明是酒精勾兑酒。

五　卷土重来的塑料紫菜

谣言

近日，一段网友买到"塑料袋紫菜"的视频在网上热传，视频中的女士从一包买来的紫菜中取出几块泡在水里后，说闻到一股腥臭味，且拉拽不开，因而判断紫菜是由废旧的黑塑料袋制成的。

【谣言来源】

辟谣

紫菜富含胶质，在较低的水温下变得坚韧且难以撕破，属于正常现象。而且商家生产“塑料紫菜”的成本要高于真正的紫菜，还有承担着商检质检部门罚款的巨大风险，因此生产“塑料紫菜”的可能性并不大。

紫菜VS塑料袋

（1）紫菜和塑料袋形状、颜色一样吗?

家里买到的紫菜饼一般都是经过晾干等流程处理过的，泡水或者煮成汤才会显现出紫菜本来的样子——半透明的树叶状。

视频中的紫菜确实呈黑褐色，像塑料袋的颜色。这是因为紫菜在加工过程中颜色发生了变化。鲜活的紫菜由于细胞中含有藻红素，一般呈现紫红色。但由于藻红素降解速率较快，紫菜在经过加工、储藏和运输后只剩下绿色的叶绿素，所以我们常见的紫菜偏深绿色。至于视频中紫菜的“塑料袋

色”，可能是由于该产品储存时间过长，导致叶绿素也分解了，从而呈现深褐色。

（2）视频中紫菜撕不断、嚼不碎是怎么回事？

紫菜富含胶质，胶质遇水后，会吸附大量水分，体积随之膨胀，形成一种柔嫩、透明、光滑的状态，变得坚韧且难以撕破。这是紫菜理所当然出现的状态。但有些人会问：我吃的紫菜汤，并没有出现这么韧的口感啊？这是为凝胶特性与温度有关，在水温较高的情况下，紫菜胶质结构会变得松散，煮开的紫菜汤中的紫菜就显得比较“烂”。视频中紫菜出现嚼不动、咬不烂、扯不断的情况，是因为泡紫菜的水温不够高。

除了水温不够高，紫菜又硬又难嚼还存在两种可能性：一是紫菜的品质不好。紫菜在一年中不同的生长时期品质是不一样的，最后被采摘的称为“末水紫菜”。末水紫菜的质地就比较坚硬，且韧性较高。二是紫菜的品种不一样。坛紫菜就相对比较厚实，弹性好一些；而条斑紫菜就比较薄，比较脆。

（3）视频中说的“塑料袋”腥臭味是怎么回事？

有腥臭味正说明是真的紫菜。紫菜中有两种特殊呈味物质“1-辛烯-3-醇”和“庚二烯醛”，二者是水产品中常见呈腥臭味的物质。将腥味作为判断紫菜真假的依据，正说明该女士以前没吃过紫菜。也可能是造假者故意这么说，混淆视听。

造假紫菜合算吗?

如果真有“塑料紫菜”，那么造假就需要选择非常薄的再生塑料作为原料。而受近年来油价上涨的影响，再生塑料的价格一直在上升。再考虑到一系列分拣流程、加工流程、时间消耗、人力物力，商家生产的“塑料紫菜”

成本高于生产真实紫菜，且还承担着被商检质检部门罚款的巨大风险，所以造假的可能性不大。

塑料和紫菜如何鉴别?

虽然市面上见不到塑料紫菜，但是如果想分辨紫菜与塑料，还是非常容易的：点燃!

一般塑料点燃后会冒出刺鼻气味的黑烟，而真正的紫菜是没有那么容易被点燃的，即便点燃后也不会有化工产品的刺鼻气味。如果还不放心，可以配合以下两点：

（1）用手拉拽。塑料由于本身具有一定的弹性和延展性，用力拉拽后会变薄，颜色也会变浅。而紫菜的弹性较小，有一定的韧性，用力拉拽后会被扯断，但不会变薄变浅。

（2）观察表面。由于塑料的不透水性，放入水中后不能吸水，只会在表面形成水珠。而紫菜能够吸收水分，表面也没有水珠的形成。

结论

该视频谣言极不靠谱，一个视频摧毁一个企业是现代网络时代的新现象，希望该企业拿起法律武器，讨回公道。

据后续新闻报道，福建、天津、四川、甘肃、青海等地公安机关抓获拍摄谣言视频实施敲诈勒索人员5名，制造“塑料紫菜”谣言人员5名，传播谣言信息人员8名，“塑料紫菜”谣言快速散播的趋势得到有力遏制。

六 人造鸡蛋你买得起吗?

谣言

早在1985年，人造鸡蛋的新闻就引起过轰动。在食品问题频出的今天，消费者便开始担心自己买的是不是假鸡蛋，更有人拿出一些弹性很好的鸡蛋笃定地说：“真鸡蛋怎么可能这么有弹性，这一定是人造的假鸡蛋。”

【谣言来源】

gd.qq.com/a/20150105/008815.htm

腾讯·大粤网　街坊　财商读本　买房纪　车说　旅游体验师

鸡蛋也有真假 这样的鸡蛋千万别吃

饮食　重庆晚报[微博] 2015-01-05 08:10　我要分享　0

“江湖”传闻，有种鸡蛋是假的，它不是母鸡下的，而是纯人工制造。假鸡蛋的蛋壳由碳酸钙、石蜡及石膏粉制成。而蛋黄、蛋清、蛋白则主要由海藻酸钠，再加上明矾、明胶、色素等制成。人工鸡蛋的蛋黄像乒乓球一样有弹性，扔到地上还可以弹起来……我们应如何鉴别真假鸡蛋呢？

超市买鸡蛋 蛋黄竟然变"弹簧"

李女士的母亲在江北九街沃尔玛超市购买了一袋“黄瓜山琪林”散装土鸡蛋，每斤8.8元。拿回家后她用这些鸡蛋炸过酥肉，煮了两次番茄鸡蛋汤。在最后只剩4个鸡蛋时，她发现问题了。

李女士像往常一样在厨房煮鸡蛋，煮好后把蛋白和蛋黄剥离时，蛋黄不小心掉在地上，不但没碎，反而还像皮球一样从地上弹起来。有邻居把蛋黄拿来当毽子踢，依然不变形。大家都说李女士遇到假鸡蛋了。

辟谣

一些鸡因为身体受凉，所以鸡蛋受凉之后再加热会导致个别鸡蛋发硬，或者是由于在饲料中添加了“棉籽饼”而导致鸡蛋富有弹性，并非人们所说的人造鸡蛋。人造蛋不可能大批量出现，最主要原因是因为技术难度非常大，而且过程复杂、成分价格也相对比较高。

富有弹性的鸡蛋就是假鸡蛋吗?

就如文章开头所提到的，很多市民经常会怀疑自己买到的是假鸡蛋、人造鸡蛋，理由是真的鸡蛋怎么可能像乒乓球那样可以弹跳。其实这只是一些鸡因为身体受凉，鸡蛋受凉之后再加热导致个别鸡蛋发硬，或者是由于在饲料中添加了“棉籽饼”而导致鸡蛋富有弹性，并非人们所说的人造鸡蛋。

人造鸡蛋合算吗?

人造鸡蛋不可能大批量出现，最主要原因是因为技术难度非常大。通常的人造鸡蛋是采用海藻酸钠作为凝固剂的，假如蛋清蛋黄都使用海藻酸钠，由于是同质原料，会让蛋清与蛋黄融在一起。也有一些别的实验室报道，但无一例外，制作工艺非常困难，而且过程复杂、成分价格也相对比较高。

所以，做人造鸡蛋不是不可能，主要问题是，想要大批量生产，首先面对的就是价格问题。市面上鸡蛋的价格一般在每个1～3元之间，而要把人造蛋做到和真鸡蛋真假难辨的程度，每一个鸡蛋的造价在1万～2万美元之间（人民币7万～13万元之间），这么高的制作成本做假货的商人怎么舍得。

既然人造鸡蛋不可能，为什么还有谣言出现?

央视媒体记者内访“人造鸡蛋”的“教学公司”后表示，卖技术比卖人造蛋能够赚更高的利润。这种“公司”其实就是骗子公司，不过是骗“骗子”的钱。该谣言是一个骗子骗骗子的故事。所以，人造鸡蛋纯属谣言，市面上不可能存在大量的人造鸡蛋。

结论

总的来说，人造鸡蛋是一个无中生有的谣言。由于人们对人造鸡蛋技术的一知半解和对食品问题的恐慌，使广大消费者在不知不觉中成为了谣言的传播者。

七 棉花做的肉松

谣言

2017年，继“塑料食品”系列的谣言视频在各大网络平台疯转后，朋友圈和微博又开始流传一个“棉花肉松”的视频。视频中的大叔（有些版本是大妈）撕开某企业的一款肉松蛋糕包装，将上面的肉松捋下并放进水中揉搓，只见肉松饼不溶于水，且搓揉得到一团白色的絮状物，还能点燃。于是，该大叔（大妈）就声称其中的肉松是棉花做的。

【谣言来源】

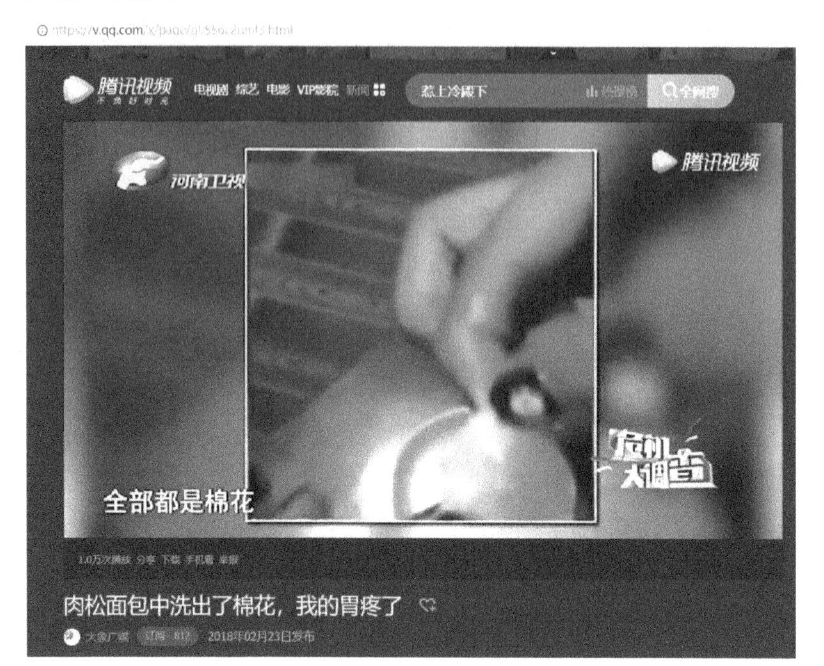

辟谣

肉松的主要成分为蛋白质、脂肪等；棉花主要成分是纤维素。蛋白质和纤维素都具有点燃、不溶于水等特性，因此不能从未溶解、可点燃且在水中揉搓后褪色的絮状物而简单地将肉松判断为棉花。

什么是棉花，什么是肉松?

要鉴别棉花和肉松，证明这则视频是网络谣传，首先得了解什么是肉松，什么是棉花。

肉松，或称肉绒，是用猪的瘦肉或是鱼肉、鸡肉除去水分后，经过特殊加工工艺制成的肉制品。其主要的组成成分为水、蛋白质、脂肪、氯化物、糖类和淀粉等。根据国标要求，肉松的感官指标要求为：形态呈絮状，纤维柔软蓬松，色泽呈浅黄或者金黄色，并且基本均匀。

棉花则是一种植物的种籽纤维，主要成分为纤维素。纤维素是一种重要的膳食纤维，不溶于水。

肉松VS棉花

接下来我们再来分析视频中大妈所说的实验现象。

(1)不能溶解的是什么？

棉花的主要成分为纤维素，确实具有不可溶解的特性。但是肉松也不溶于水啊，谁吃过见水溶化的肉呢？肉松的主要成分为蛋白质，用于制作肉松的禽畜类的肌肉蛋白可以大致分为三种：肌原纤维蛋白、肌浆蛋白和肌基质蛋白。其中肌原纤维蛋白和肌基质蛋白约占45%，也均不溶于水。所以肉松在水中揉搓后同样会残留不溶解的絮状物。

(2)能点燃的是什么？

棉花是纤维素，可以点燃，但肉松中的蛋白质等成分也具有可燃烧的特性。

(3)视频中褪掉的颜色是怎么回事？

肉松的颜色主要来源三个方面：一是肉松加工过程中自然而然产生的颜色；二是在肉松中为改善产品色泽而添加发色剂、助色剂，使肉中原来的色素转变为亚硝基肌红蛋白、亚硝基高铁肌红蛋白和亚硝基肌色原，呈鲜艳的红色；三是直接添加的一些色素成分如红曲红等。这些色素大多为水溶性，因此能被洗脱，这些色素是合乎国家标准的，无毒无害。

如果读者觉得上面的解读太复杂，可直接阅读下表：

特性	棉花	肉松
所含成分	主要为纤维素	主要为蛋白质、淀粉等
溶解性	纤维素不溶于水	蛋白质中肌原纤维蛋白、肌基质蛋白不溶于水，其他成分大部分溶于水
可燃烧性	可燃	可燃
颜色	本身呈白色	肉松中的色素如亚硝基肌红蛋白、红曲红等色素多为水溶性，可以在水中被洗脱，洗脱后也呈白色

所以，视频中未溶解、可点燃且在水中揉搓后褪色的絮状物不能简单地判断为棉花。

如何区别棉花和肉松?

（1）感官评定。肉松形态呈絮状，纤维柔软蓬松，入口后可嚼碎；而棉花虽然也呈絮状，但无法被牙齿嚼烂。

（2）点燃。肉松中的主要成分是蛋白质，在点燃后会有焦羽毛的气味；而棉花点燃后的气味很淡甚至无法闻出。

（3）双缩脲试剂检测。蛋白质与双缩脲试剂作用，颜色变为紫色；而棉花中的纤维素则没有这种现象。

结论

“棉花肉松”的相关视频在网络流传后，国家食品药品监督管理总局的官方微信以及部分相关的企业迅速作出声明，见下图：

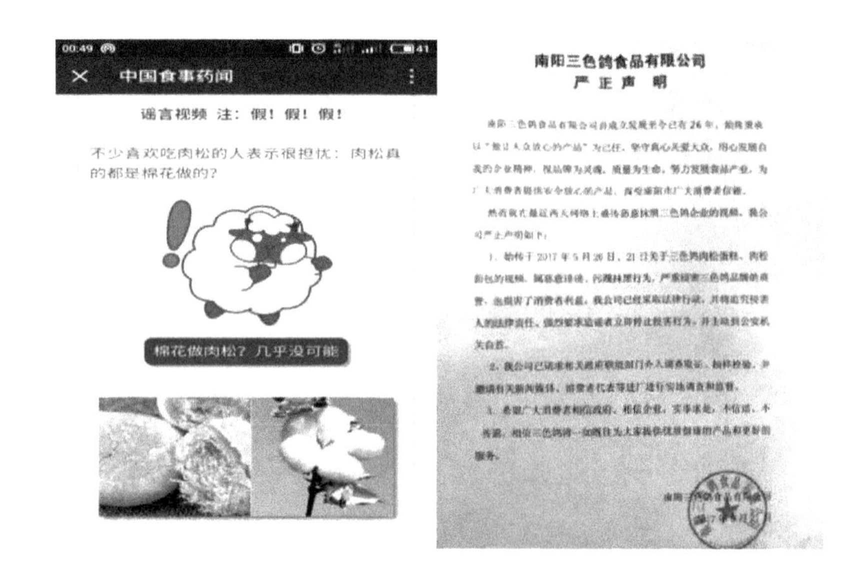

南阳三色鸽食品有限公司
严正声明

棉花肉松谣言的出现，导致消费者对食品安全产生质疑和担心，甚至相关产品被下架，给企业带来了巨大损失。据后续新闻报道，2017年5月底，湖北荆门：女子跟风拍“棉花肉松”视频发朋友圈，被警方处罚；2017年5月，四川眉山：女子拍摄“肉松是棉花”视频被拘留5日；2017年5月，山东青岛：两女子拍摄谣言视频“棉花造肉松”，被行政拘留5日；2017年5月，江苏宿迁：两女子制作“肉松棉花造”虚假视频，被拘7天；2017年5月，浙江金华：肉松是棉花做的的造谣者永康大叔被浙江永康警方行政拘留7日；2017

年5月，福建石狮：两名“棉花肉松”造谣者投案自首被免予处罚；2017年6月，广东云浮：女子拍摄“棉花肉松”虚假视频，被行政拘留7日。这些处罚公布后，有效地遏制了棉花肉松谣言的继续传播。

小结

对于“塑料食品”的反复出现，有读者担心会不会有“塑料馒头”“棉花馒头”等谣言出现。请大家放心，这种情况是不会发生的。谣言是“塑料大米”而非“塑料馒头”，视频上的塑料颗粒大小上很像大米，再加上视频拍摄的灯光可能不够明亮，距离不够近，而且造谣者一再强调“大米”这个概念，使得大众很容易相信，正在生产的就是大米；是“棉花肉松”而非“棉花馒头”在于，馒头泡水就会散开，而且馒头湿度较大，不易燃。从外观上看，棉花干燥松软，而馒头湿润紧实，两者无论从实质还是外观上都相差很大，造谣的难度系数较大。

真的“假”不了，这类谣言的出现，往往是造谣者的断章取义。例如，看到面条中有胶状成分的出现就断定是“橡胶面条”，这些谣言都是从一定的表象出发，没有考虑到背后的逻辑关系，也没有考虑过造假成本等问题。同时，接受者的知识储备不够，在遇到这类问题时容易被动接受，不会主动进行逻辑判断。

食品谣言风波不断，“假食品”谣言也层出不穷，这些谣言不仅仅打扰了百姓的生活，也损害了相关企业的声誉，甚至给相关企业造成巨大经济损失。要避免谣言继续产生，不仅需要每个人加强知识储备，更需要政府和企业加强宣传，对消费者做出正确的引导。

06

第六部分

正确认识食品添加剂

一提到添加剂，大家脑海里就会想到"工业色素""苏丹红""三聚氰胺"等所谓的添加剂事件。网上也充斥着"教您避开食品添加剂"的类似文章。

食品添加剂就真的是魔鬼吗？它真的在损害我们的健康吗？让我们看看权威部门怎么说。2017年6月28日，科信食品与营养信息交流中心、中华预防医学会健康传播分会、中华预防医学会食品卫生分会、中国疾病预防控制中心营养与健康所、中国食品科学技术学会食品安全与标准技术分会、食品与营养科学传播联盟共六家专业机构，联合发布《"正确认识食品添加剂"科学共识》。该共识指出，中国对各类食品添加剂的使用范围和剂量都制定了严格、详细的标准，按规定允许使用的食品添加剂，都经过了全方位的科学、严格的安全性测试和评估，按照国家规定的品种和剂量使用食品添加剂，安全性是有保障的。该共识旨在帮助公众更全面了解相关科学知识，消除消费者心中的疑虑，明确食品添加剂的安全性。

这六家机构齐齐发声，说明现在社会对食品添加剂的误会已经越来越深，有必要形成一股力量改变大家的看法。本部分选取10个案例，帮助读者正确认识食品添加剂，放心吃美味食品。

一　为什么要使用食品添加剂?

随着现代化工业的发展，食品添加剂已成为人们生活中躲也躲不开的一部分。很多消费者都搞不明白，好好的食物为什么还要额外添加食品添加剂呢？食品添加剂究竟有什么作用呢？本篇用三个简单的例子回答这个问题。

防止食品腐败变质，延长保存期

防腐剂应该是消费者误解最大的一类食品添加剂了，但它的存在非常重要，是保证食品安全的重要添加剂。

食物中多多少少都会存在一定量的微生物。在适宜的条件下它们就会大量繁殖，并产生一系列有毒物质，食物也会变质。人吃了这种食品后，就会出现腹泻、呕吐，甚至出现更严重的食物中毒症状。肉制品中肉毒梭菌分泌的肉毒毒素是目前已知的毒性最强的物质，如果食物被这种细菌污染，人吃了以后就可能中毒，严重时甚至危及生命！添加防腐剂就是一种延长食品保质期、确保食品安全的方法。

同时，如果没有这些食品防腐剂，食品的储藏期将会大大缩短，许多原料将被浪费，运输成本也会上升。这样导致的后果就是，普通人买不起食物，加工厂的食物也运输不到全国各地，最后导致很多人的温饱成了问题。

改善食品的感官性状

除了防腐保鲜的作用之外，人们还会为了追求食品的口感而使用食品添加剂。例如，口感细腻光滑的冰淇淋，如果少了乳化剂，则会产生冰霜，吃起来会感觉到颗粒状口感。又如，经过灭菌的纯果汁，颜色变得暗淡无光，反而像假冒伪劣产品，加入着色剂能改善因加工导致的食品天然颜色的劣变，保持食物诱人的色泽。在无害的前提下，这些都是满足消费者口感和感官享受，提升幸福指数的做法，也是企业提高竞争力的做法。

食品加工过程中不可或缺

没有食品添加剂，就做不出面包；膨松剂的使用，才能让面包得以膨胀，吃起来松软可口。

在生产豆腐的工艺中，以葡萄糖酸内酯作为凝固剂，有利于生产机械化和自动化，其卫生条件比传统的手工加工豆腐有了极大改善。这可比原来用卤水点豆腐安全多了。

从某种意义上说，食品添加剂造就了现代食品工艺的大发展。

二 食品添加剂家族大揭秘

食品添加剂是指为改善食品品质和色、香、味，以及为防腐、保鲜和加工工艺的需要而加入食品中的合成物质或者天然物质。目前，我国允许使用的食品添加剂有2500多种，包括酸度调节剂、抗结剂、消泡剂、抗氧化剂、漂白剂、膨松剂、着色剂、护色剂、酶制剂、增味剂、营养强化剂、防腐剂、甜味剂、增稠剂、食品香料等。本文将通过饼干、方便面、冰棍的食品配料表为您揭开食品添加剂的大家族。

食品添加剂大家族

（1）防腐剂：顾名思义，就是用来延长产品的货架期，保证产品的质量。我们通常在配料表里见到的苯甲酸、苯甲酸钠、山梨酸、山梨酸钠、乳酸都是具有防腐作用的。

（2）抗氧化剂：在油脂含量较高的食品中比较常见。它的作用是防止油脂氧化变质，从而提高食品的稳定性。

配料表中常见的有：丁基羟基茴香醚、没食子酸、特丁基对苯二酚、抗坏血酸（我们常说的维生素C）及其衍生物。别看这些名字非常的长，好像很恐怖，其实它们在为我们的食品安全保驾护航，有了它们，食品中的油脂才不容易酸败。

（3）着色剂：也就是我们所说的色素，大家对色素的成见很深，觉得添加了色素的东西都是有害的，其实并不是这样。色素分为天然色素和合成色素，天然色素就是从天然物质之中提取出来的，不会对人体产生任何副作用。合成色素是人工合成的，只要在规定的适用范围之内也是无害的。一般在配料表中涉及了颜色的物质都是着色剂。

常见天然色素有红曲红、姜黄、玉米黄、焦糖色等。

常见合成色素有亮蓝、胭脂红、日落黄等。

（4）香精香料：它的处境和着色剂非常相似，很多人觉得添加化学物质使产品出现特定香味是虚假的、不安全的。这种看法过于偏激，不管食品自身有没有香味物质，香味都是因为一些特有化学结构而散发出来的，我们现在所用的香精香料要么是合成与天然香料类似的化学结构，要么直接从特定物质中提取这种带有香味的成分，所以香精香料本身并不具有太大的安全问题。但食品本身所含有香味物质的一些营养和功效，香精香料就无法实现。

（5）增稠剂：主要起稳定食品形态的作用，保持食品中的水分，增加油和水之间的交融度，从而提高食品的口感。增稠剂在冰淇淋、糖果、果冻中应用广泛。

常见的增稠剂有：阿拉伯胶、琼脂、海藻酸钠、卡拉胶、食用明胶、黄原胶。

（6）乳化剂：我们都知道，加工食品中一般有油脂，有蛋白质，有水，有糖，正常来说它们是很难互相融合在一起形成稳定的食品，而乳化剂的作用就是改变它们的一些特性，使它们能比较稳定地结合在一起，从而提高食品的口感和货架期。可以说，如果没有乳化剂也就没有我们现在喜欢吃的冰淇淋、乳饮料等。

常见的乳化剂名字都非常的长，比如：单硬脂酸甘油酯、蔗糖脂肪酸酯，一般酯类物质都起乳化作用，司盘、吐温也是乳化剂。

还想补充一点，我们在配料表中可能会看到乳化剂名字后加一个数字，曾经有媒体说这是故意隐瞒自己的配料而欺骗消费者，这个说法完全是错误的，因为它们的名字太长所以才会有数字的代号，这些都是有标准规定的。

（7）食品调味剂。我们比较常见的调味剂主要包括：酸味剂、甜味剂和增味剂（也就是我们常说的味精）。对于调味剂也有许多的谣言，比如味精、阿斯巴甜会致癌，这些说法都是没有实验基础和科学依据的，就拿阿斯巴甜来说，如果想让它对人造成健康伤害，每天至少要喝20瓶可乐，这对于正常人来说是不可能完成的。

由此可见，食品添加剂在改善食品口感及延长食品保存期等方面发挥着比较重要的作用，并不是商人为了牟取暴利。我国目前列入食品添加剂名单的有2500种左右，大家可能会觉得很多，而美国FDA允许的食品添加剂有近5000种。我国的添加剂产业还在发展，今后的发展也会不断地趋向功能化和无害化。所以大家不必将食品添加剂视作洪水猛兽。

食品添加剂≠非法添加物

为了吸引人们的眼球和关注度，很多媒体将工业色素、苏丹红、三聚氰胺等非法添加物和食品添加剂混为一谈，造成很坏的影响。真正的食品添加剂都是通过国家相关部门长期毒性测试证明食用安全，或者在正常使用剂量下不会对健康造成影响之后才列入食品添加剂的目录之中的。而非法的添加物并不在其中，不要因为毫不相关的东西，而否定整个食品添加剂。

至于一些媒体“以一个雪糕竟然含有十几种食品添加剂”“一颗话梅含多种添加剂”等作为新闻大标题，来奉劝人们要谨慎食用或者不要食用，这是毫无科学依据的。可以说，没有这些添加剂，也就不会有这种食物。配料表中标出所使用的添加剂恰恰说明了我们整个食品加工业正在完善，反而一些没有标出所使用的添加剂的加工食品需要小心，不透明就可能有猫腻。

“零添加”食品真的就更优越吗?

现在市场上有很多打着“绝不添加任何食品添加剂”“零添加”等旗号的高价食品，虽然价格比其他同类产品高出许多，但依然成为许多人的首选。相信大家看过了添加剂的介绍，不会再盲目追捧这些号称“零添加”产品了。这些产品的成本也没有商家所说的那么高。

同时大家还要注意，一些食品根本就没有像商家宣称的那样“零添加”，因为在其食品配料表里依然有麦芽糊精（增稠剂）、柠檬酸（酸味剂）、食用香精等。所以大家购买这类食品的时候一定要先看配料表，不要被厂家的宣传忽悠了。

最后再次告诉大家，完全无添加的食品几乎是不存在的。可以说，没有食品添加剂就没有现代食品工业。所以，一味地避开它，不如真正地去了解它，揭开它的真面目，不要被一些危言耸听的养生专家、新闻报道影响了大家每日的正常生活。

短零食就是配料表短的零食

VS

品名：乳粉制固态成型制品

真的短一半哦！

看完这篇文章，您是否对食品添加剂有了更深的了解？接下来，将为您拨开近几年来食品添加剂谣言的迷雾，让您看到谣言背后的真相。

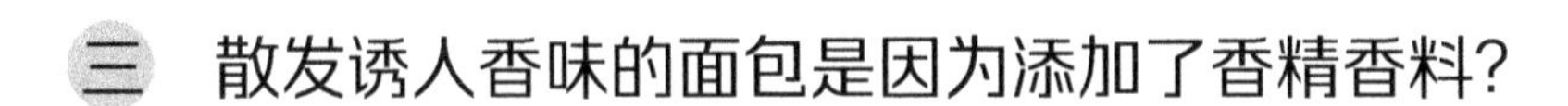

三 散发诱人香味的面包是因为添加了香精香料？

谣言

不知道你是否有过这样的经历：经过烘焙坊的时候，感觉空气充满了香浓的面包气息，那弥漫着的香味会诱惑你忍不住去咬它一口。然而，仅仅凭借面粉、鸡蛋和糖等常见食材制成的面包会散发出如此浓香诱人的香味吗？于是就有人认为："面包有这样的香味是因为添加了香精香料。"

【谣言来源】

辟谣

面包香味的产生归功于含羰基化合物（糖、酮等）与含氨基化合物（氨基酸、蛋白质等）发生的美拉德反应，完全不用加香精香料。

面包的香味是怎么产生的?

和香水一样，面包的香味是由多种不同的呈香物质共同混合作用的结果。这些香味物质是非常复杂的，往往只能用类别来列举，比如：吡嗪类化合物、醇类化合物、醛类化合物、酮类化合物和酚类化合物。这些物质都有各自的味道，混合起来，共同赋予面包一个总的香味。

面包在烘焙的过程中，表面会变成棕黄色，慢慢散发出诱人的香气，这就说明，香味物质是面包加热过程中的产物。这个过程有一个非常好听的名称，叫“美拉德反应”。这个反应的名字来源于一位名为“美拉德”的科学家，他首先发现了这一反应，故人们将这类反应称为“美拉德反应”。

这个反应过程非常复杂，简单来说，就是面包中含羰基化合物（糖、醛、酮等）与含氨基化合物（胺、氨基酸、蛋白质等）的反应，产物就是吡嗪类化合物、醛类化合物等具有香味的物质。当这些物质挥发到空气中，我们便能闻到面包的香味。烤面包、烤肉等颜色逐步变深并散发诱人香气的过程都是因为发生了美拉德反应。炒面、炒花生和瓜子等散发出浓郁的芳香气味也是同一个道理。所以，烤面包完全不用额外加香精香料就能散发出诱人的香味。

面包添加了香精香料吗?

对于“谈剂色变”的读者，笔者很遗憾地告诉您，面包添加了食品添加剂。其原因是，要用小苏打或者酵母等膨松剂才能使面包变得疏松可口，否则面包会是硬邦邦的一块面团。对于想吃香芋味、香蕉味等各种口味面包的读者，建议您购买前查看面包包装袋上的配料表，里面往往含有香精香料。根据《食品安全国家标准　食品添加剂使用标准》（GB 2760—2014），面包是允许添加香精香料的。因此，购买各种口味面包时，您不妨多看标签，标签越详细、越规范的，即使含有香精香料，我们也可以安心食用。

【拓展阅读】怎样利用美拉德反应把面包烤得更香?

当我们知道香味的形成机理后，可以有目标地调控香味物质的形成和组成。充分利用美拉德反应，我们完全可以把面包烤得更香而不需添加香精香料。

- 窍门一：适量地加糖

糖是美拉德反应的主力军，食物的棕色和独特香味都归功于“糖”。

烘焙食物中常用的食用糖有白砂糖、绵白糖、赤砂糖等。一般来说，2%的糖就足以使面团发酵，而剩余的糖则用于面包的着色及香味物质的产生，糖越多，面包表皮着色越快，烘焙香味越浓郁。但是用糖过多则对身体健康不利，还是适量添加糖为好。

● 窍门二：控制好温度

热量对面包制品的质量有着很大的影响。若炉温过高，面包表皮过早形成，但内部仍未成熟，也没有面包香味。若炉温过低，则烘焙时间会变长，面包的香味物质也会挥发掉很多。一般面包烘烤温度控制在190～230℃为好。

● 窍门三：拿捏好时间

烘焙时间的长短对面包的消化率和面包色、香、味的形成有一定的影响。面包的质量越大，烘焙所需要的时间越长。小面包的烘焙时间多在8～12min，而大面包的烘焙时间可长达1h。适当地延长烘焙时间可使面包的糊精、还原糖、水溶物增加，更好地发生美拉德反应，使面包更香。

结论

烤面包完全不用额外加香精香料就能散发出诱人的香味，部分商家根据生产需要额外添加香精来增加嗅觉和味觉，则一定要遵守国标，不能加过量，也不能加错料。

四 罐头食品保质期长达三年，是因为用了大量防腐剂？

谣言

在超市，我们能看到像午餐肉类、果酱类罐头的保质期一般是三年，而水果罐头的保质期也在一年以上。但在日常生活中，先天煮的肉汤往往第二天就坏了，前两天买的新鲜水果忘了吃就烂了。于是，有人认为：罐头里一定用了大量的防腐剂。

【谣言来源】

辟谣

罐头食品在装罐前，利用生产工艺最大限度地消灭了有害微生物，同时运用真空技术，使可能残存的微生物在没有氧气的情况下无法生长，从而使罐头内的食品有相当长的保质期。

为什么罐头食品能够长期保存?

食品的腐败变质和微生物有直接的关系。如果消灭了微生物或者抑制了它们的生长，食品自然不容易变质。罐头食品在装罐前，利用生产工艺最大限度地消灭了有害微生物，同时运用真空技术，使可能残存的微生物在没有氧气的情况下无法生长，从而使罐头内的食品有相当长的保质期。

究竟什么工艺能使罐头的保质期维持这么长呢?

罐头的制作主要分为五个步骤：原料预处理→装罐和预封→排气→密封→杀菌和冷却。其中密封和杀菌是罐头食品能否长期保存的关键步骤。常用的杀菌方法有常压沸水杀菌和高压蒸汽灭菌。

（1）常压沸水杀菌：用于大多数水果和部分蔬菜罐头的杀菌。是将密封好的罐头放入沸水中一段时间直至有害微生物完全被杀灭的一种杀菌方法。

（2）高压蒸汽灭菌：用于低酸性食物，如大多数蔬菜、肉类及水产类罐头食品必须采用100℃以上的高温杀菌。

高温杀菌不仅消灭了罐头中的有害微生物，达到商业无菌的状态；同时，加热过程中也破坏了食物中大部分酶的活性，使食物能够长期保存而不发生变质。

【辅助阅读】什么是罐头食品?

罐头食品也叫罐藏食品，是指将食品原料经预处理后密封在容器或包装袋中，通过杀菌工艺杀灭大部分微生物的营养细胞，在维持密闭和真空的条件下，得以在室温下长期保藏的加工食品。

随着食品包装材料的多样化，罐头食品不仅是马口铁罐、玻璃罐、铝合金罐包装的食品，其他如用铝塑复合包装材料制成的各种软包装罐头和无菌大包装；以及先经灭菌再包装制成的利乐包，如各种果汁、菜汁、果冻、沙司、蛋白饮料等；以可耐热杀菌的塑料罐、塑料肠衣为包装制成的各种火腿肠也属于罐头食品。

结论

“兵马未动，粮草先行”，拿破仑征战欧洲，曾悬赏1.2万法郎寻求食物保存方式，此时，一名厨师发现把加热后的食物放入瓶中保存能延长其保质期，这可谓是罐头食品的先祖。由此可知，罐头食品正是为了延长保质期而存在的。因此，我们完全不用担心有着较长保质期的罐头食品添加了大量防腐剂。相反，在我国食品安全国家标准中涉及罐头食品可允许添加的各类食品添加剂，在所有食品中是最少的，我们完全可以放心食用。

五 婴儿配方奶粉中竟添加减肥成分——要给宝宝减肥吗?

谣言

左旋肉碱作为一种减肥神药风靡于各大减肥塑身广告和购物平台上，与此同时，细心的妈妈们发现自己宝宝吃的奶粉里居然也含有左旋肉碱，妈妈们开始不淡定了：“左旋肉碱不是用来减肥的吗！难怪我的宝宝一直长不胖！不能再买这种奶粉了，影响宝宝的健康。”

【谣言来源】

辟谣

左旋肉碱具有提供能量和促进婴幼儿某些生理功能的作用，宝宝食用含左旋肉碱的奶粉不会产生不良影响，也不会被减肥。

为什么某些婴儿配方奶粉添加左旋肉碱?

左旋肉碱的主要作用是提供能量。婴儿生长也是需要能量的，左旋肉碱的存在会帮助母乳和奶粉中的脂肪在体内转化为能量。但婴儿自身合成肉碱的能力较弱，只有成人的12%左右，因而妈妈乳汁及配方奶粉中的左旋肉碱就能起到一定的补充作用。母乳中含有足够婴儿所需的左旋肉碱，母乳喂养的宝宝不会缺乏。以牛奶为基础的配方奶粉一般也不会缺乏左旋肉碱，但企业往往会额外添加一些，以保证足够的量。只有那些以大豆蛋白为基础的配方奶粉，则可能缺乏左旋肉碱，这就很有必要额外添加。所以，左旋肉碱在婴儿配方奶粉中可以添加也可以不添加。

国标GB 10765—2010《婴儿配方食品》中规定了婴儿配方食品的7种可选择性添加的成分及含量要求，其中就包括了左旋肉碱，最小值为每千焦能量不低于0.000003g（下表截自于国标）。其实，左旋肉碱不仅在能量产生和脂肪代谢过程中起重要作用，而且在促进婴幼儿发育的某些生理方面——生酮作用、氮代谢等方面也具有一定的功能。目前，世界上已有22个国家在婴幼儿奶粉中加入左旋肉碱，而我国也已有添加左旋肉碱的母乳化奶粉上市。因此，宝宝食用含左旋肉碱的奶粉不会产生不良影响，大可不必担心。

可选择性成分	每100kJ		每100kcal		检验方法
	最小值	最大值	最小值	最大值	
胆碱/mg	1.7	12.0	7.1	50.2	GB/T5413.20
肌醇/mg	1.0	9.5	4.2	39.7	GB5413.25
牛磺酸/mg	N.S.[a]	3	N.S.[a]	12	GB5413.26
左旋肉碱/mg	0.3	N.S.[a]	1.3	N.S.[a]	—

【拓展阅读】左旋肉碱可以减肥吗？

1905年，左旋肉碱首次被俄国化学家Gulewitsch和Krimberg发现，以后的深入研究表明，它分布在人体内几乎所有的细胞中，在脂肪转化为能量的过程中起到一定作用。很多人把这一功能狭义地理解为——减肥。因此，应运而生添加了很多左旋肉碱的减肥产品，而且被吹得神乎其神。

左旋肉碱：减肥产品最热卖单品

左旋肉碱已帮助90%以上肥胖人群成功减肥

笔者还是想说，靠左旋肉碱产品减肥并不靠谱。人体是可以根据身体需要合成左旋肉碱的，就算合成不足，食物中左旋肉碱的含量也是非常丰富的，例如猪肉、牛肉、羊肉等红肉。所以，正常人根本不会有肉碱缺乏的现象，并不需要额外补充左旋肉碱。而且通常情况下，普通的运动量所需的能量不高、燃烧的脂肪不多时，额外补充的左旋肉碱会随着尿液排出体外。只有当运动量足够大，消耗的能量足够高，额外补充左旋肉碱才能运送并燃烧掉更多的脂肪。很多聪明的读者发现其中的逻辑，高运动量才是减肥的根本原因，不运动，吃再多左旋肉碱也没用。

结论

奶粉是允许添加左旋肉碱的，宝宝食用含左旋肉碱的奶粉也不会产生不良影响。所以，妈妈们可以放心给宝宝食用有添加左旋肉碱的奶粉！

六　红葡萄酒中都添加二氧化硫？

谣言

目前市场上所销售的红葡萄酒中，绝大多数都添加了二氧化硫。

【谣言来源】

人们常常将二氧化硫跟酸雨、尾气等联系在一起，认为喝了含二氧化硫的红葡萄酒跟酸雨一样会损害人体健康，从而断言：喝红葡萄酒会导致人类呼吸系统疾病和多组织损伤。

辟谣

红葡萄酒中会添加或残留一定含量的二氧化硫是起到防腐保鲜的作用，有助于维持红葡萄酒在储藏过程中的稳定性。在适量摄入的前提下，红酒中二氧化硫的含量不会达到损害人体健康的剂量，消费者无需担心，大可放心品尝美酒。

二氧化硫的危害

二氧化硫本身确实具有一定的毒性：

（1）过量摄入二氧化硫，容易产生过敏，引发呼吸困难、腹泻、呕吐等症状，对脑及其他组织也可能产生不同程度损伤。大量试验研究和流行病学调查证明，长期接触二氧化硫可引发人类呼吸系统疾病，甚至与肺癌的发生有关。

（2）二氧化硫溶于水和乙醇，部分形成亚硫酸盐等衍生物。二氧化硫及其在体内的衍生物——亚硫酸盐和亚硫酸氢盐对小鼠具有一定的生殖毒性。而且，二氧化硫在一定程度上会影响葡萄酒的风味，尤其随着温度的升高，二氧化硫挥发性增大，产生刺激性的"硫味"。

红葡萄酒中为何有二氧化硫?

二氧化硫在葡萄酒中十分常见，且在葡萄酒中添加二氧化硫已有数百年的历史。从公元1世纪开始，就有文字记载硫磺用于盛酒容器的消毒。

事实上，葡萄酒是用新鲜的葡萄或葡萄汁经完全或部分发酵酿成的酒精饮料。葡萄酒，尤其是甜红葡萄酒由于具有一定的含糖量，若不经处理，容易成为细菌滋生的乐园。而二氧化硫通常作为稳定剂添加到葡萄酒中，而且在葡萄酒酿造中能够杀死葡萄皮表面的杂菌或抑制它们的活性；适量使用二氧化硫，可杀死劣质酵母，加强优质酵母的发酵作用。在葡萄酒陈酿及储藏期间，二氧化硫也能够起到抑菌及防腐保鲜的作用。另外，二氧化硫还兼有抗氧化剂（虽然目前仍有争议），加速色素、有机酸等溶解的作用。常见的二氧化硫添加剂包括二氧化硫、焦亚硫酸盐（如$Na_2S_2O_3$）、低亚硫酸盐（如$Na_2S_2O_4$）等。然而很遗憾，迄今为止，人们尚未找到更好的替代物质或者替代工艺以防止葡萄酒普遍性的变质、变酸、变色。这也是二氧化硫仍出现在市售葡萄酒中的原因。

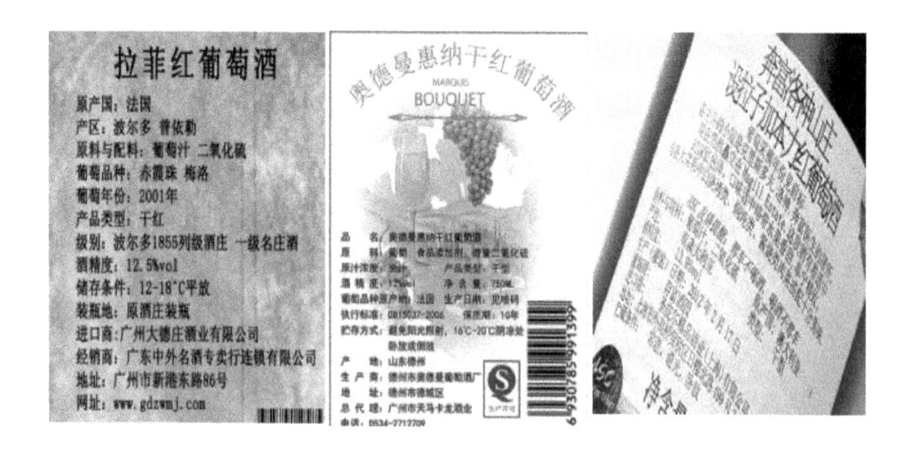

红葡萄酒中二氧化硫对人体有害吗?

脱离剂量谈毒理都是不科学的。仅仅知道二氧化硫的危害是不够的，还要知道产生危害的最低摄入量。红酒中究竟含有多少二氧化硫？有没有达到损害人体健康的剂量？我们先看下表中各国对红酒中二氧化硫做出的限量规定：

国家	总二氧化硫/（mg/L）				游离二氧化硫/（mg/L）			
	甜	白	干白	干红	甜	白	干白	干红
阿尔及利亚	300				30			
奥地利	300				50			
保加利亚	200				20			
加拿大	350				70			
中国	250				50			
以色列	350				无限制			
匈牙利	300				60			
日本	350				无限制			
摩洛哥					100			
捷克和斯洛伐克	450				40			
美国	350				无限制			
阿根廷	250	250	250		80			
欧盟	300	250	200		无限制			
葡萄牙	400	200	200		100	80	80	
罗马尼亚	300	200	200		50			
瑞士	400	250	250		50	35	35	
俄罗斯	40	200	200		40	20	20	

虽然各标准中允许残留的二氧化硫限量相对较高，但事实上，据国内外的文献报道及相关检测统计，红酒中的二氧化硫平均含量是每升100mg左右。

美国FAO和世界卫生组织联合食品添加剂专家委员会（JECFA）制定的二氧化硫安全摄入限量是每天每千克体重0.7mg。这就意味着，一个60kg的成人，每天最多只能摄入42mg二氧化硫。如果以葡萄酒中实际每升100mg的平均值来计算，那么一个成人一天适宜的葡萄酒限量是420mL。而喝的红酒若超过这个限量，危害更大的是酒精对肝脏的损伤。

结论

红葡萄酒中添加或残留一定量的二氧化硫是合法的，也是生产所需。脱离剂量谈毒理不科学，人们在适量摄入的情况下不需要担心二氧化硫对身体带来的伤害，当红葡萄酒的摄入达到一定水平后，更大危害的反而是酒精对肝脏的伤害。当然，二氧化硫毕竟是非食品成分，食品领域的专家、学者也在致力于葡萄酒加工生产中的工艺优化，以寻找更加安全的替代物，减少或不使用二氧化硫。同时为身体健康着想，建议适量饮用葡萄酒。

七 明矾有害，油条不能吃？

谣言

豆浆加油条是许多人最喜爱的早餐之一。但近年来出现了许多关于“油条有害”的报道。这些报道称：“油条中添加有明矾，会导致消费者记忆力减退、抑郁和烦躁。”

【谣言来源】

搜狐 http://www.sohu.com/a/168651456_203879

1. 油条

油条是不少人早餐的选择，可油条中大多加明矾，这种含铝的无机物，被人体吸收后会对大脑神经细胞产生损害，并且很难被人体排出而逐渐蓄积。长久吃油条对身体造成的危害是：记忆力减退、抑郁和烦躁，严重的可导致"老年性痴呆"等可怕疾病。

辟谣

明矾可以使油条变得蓬松多孔，是国家标准批准使用的膨松剂，按照一般人的油条摄入量，明矾对人体的害处可以忽略。

明矾有害但油条能吃

油条的蓬松是依靠化学膨松剂的作用。膨松剂是一种常见的食品添加剂，在面制食品加工过程中添加明矾受热分解产生大量二氧化碳气体，使面胚发起，形成致密多孔组织，从而松软可口。目前市场上使用的膨松剂主要有两种：一种是以明矾和食用碱为主要原料的有铝膨松剂，另一种是以碳酸氢盐和有机酸为主要原料的无铝油条膨松剂。前者主要是在面团调制过程中加入的明矾和食用碱，在水的参与下产生大量二氧化碳气体使油条变得蓬松；而后者则主要通过碳酸氢盐和有机酸在加热条件下产生二氧化碳气体，从而使油条具有蓬松多孔的特性。在油条的制作上，目前主要用明矾和碱作为膨松剂。而明矾中含有对人体有害的元素铝，于是传出油条不能吃的谣言。但是，人体的铝绝大部分可以通过肾脏等器官排泄出去，1%～2%被吸收并储留在人的肺、骨骼、肝、脑、睾丸等处。只有当一次性摄入的铝过多时，才会难以迅速排泄出去，从而积存在各器官内，对人体健康造成各种危害。

那么一次性铝的摄入量为多少呢？

世界卫生组织对铝的最高摄入量做了一个健康指导，即每人每周每千克体重不超过2mg。这相当于一名60kg重的成年人每周吃进去120mg铝，也不会导致铝的蓄积并引起健康损害。而目前市场上的复合膨松剂的铝含量一般在2%～4%之间，标签明示使用量为1%～3%。即使根据其上限含量和使用量，用铝含量4%的复合膨松剂按照3%的比例添加，人们每天吃油条吃到饱，吃到肚子里的铝含量也不会达到难以迅速排泄的程度。

所以，只要在正规的商店购买油条，即使每天都以油条和豆浆作为早餐，其中的铝也不会成为影响人们健康的原因。

多吃油条有害，但不在于明矾

其实，多吃油条的害处不在于铝，而在于油。众所周知，“油炸”是制作油条最重要的一道工序，只有用高温油炸的方法，才能使油条松软酥脆。

但在油炸的过程中，油脂所含的营养物质基本被氧化破坏，产生一些对人体不好的物质，对健康不利。另外，油条的含油量较高，1根50g重油条的含油量一般为10～15g，而中国营养学会推荐的每人每天烹调油的摄入量为25g，高油脂的摄入会明显增加肥胖、高血脂、糖尿病、心血管疾病和恶性肿瘤发生的危险性。

【辅助阅读】明矾是什么？

明矾是一种含有结晶水的硫酸钾和硫酸铝的复盐，在《本草图经》《唐本草》《传信方》等著名中医学书中都有提到其可入药。明矾可用于制备铝盐、发酵粉、油漆、鞣料、澄清剂、媒染剂、造纸、防水剂等，还可用于食品添加剂。在我们的生活中，明矾常用于净水和做食用膨松剂。

结论

在我国《食品安全国家标准　食品添加剂使用标准》（GB 2760—2014）中规定，明矾在包括油炸面制品等食品中可以“按生产需要适量使用”。按照一般人的油条摄入量，明矾对人体的害处可以忽略。但明矾中的铝对人体“没有好处，还可能有害”。作为普通消费者购买食品要到正规的商店购买，以确保食品卫生及质量安全；作为食品生产商则要想办法改进技术，尽可能不在食品中添加明矾。

八　街头和超市售卖的八个煮熟玉米样品中均检出糖精钠，还能吃玉米吗？

谣言

自从某媒体在一期节目中曝光：五份路边摊煮制甜玉米和三份连锁超市煮制甜玉米均检出糖精钠后，便有人断言：“街头煮玉米含有糖精钠，会损害肝脏还会致癌，千万别再吃了”。

【谣言来源】

辟谣

这是典型的夸大其词的谣言。尽管我国不允许在玉米中添加糖精钠，但实验表明糖精钠是安全的！所以一般情况下，吃一根不良商家的糖精钠玉米，并不会对身体造成很大危害。

糖精钠是什么?

（1）糖精的化学名称为邻苯甲酰磺酰亚胺，甜度是蔗糖的300～500倍，由苯酐经多个化学步骤而得。由于其钠盐水溶性好，市售产品实际上是糖精的钠盐。

（2）糖精钠是历史上使用最长的甜味剂，也是引起争议最多的合成甜味剂。对它的争议多来自于它是否对人体有害。

（3）根据国标《GB 2760—2014 食品添加剂使用标准》，玉米作为原粮，不得添加任何香精和食品添加剂。同时，禁止在面包、糕点、饼干等食品中使用糖精钠。但在蜜饯、冷冻饮品、果酱等的制作中，是允许添加糖精钠的。

含糖精钠的玉米中会损害肝脏并致癌吗?

一部分人认为糖精钠只是在味觉上引起甜的感觉，对人体无任何营养价值，食用较多时，会影响肠胃消化酶的正常分泌，降低小肠的吸收能力，使食欲减退，这对减肥者有所帮助。另一部分人认为糖精钠急性毒性不强，但是它很可能有潜在的致癌性。这两方面一直是人们对于糖精钠的争议焦点。下面借助一个表来说明糖精钠的安全验证史。

时间	事 件	结 论
18世纪末	法赫伯格（发现人）：一次性吃下10g糖精（约几公斤蔗糖）24h后并未感到异常	法赫伯格推测：糖精安全
	志愿者：吃下糖精，几小时后收集尿液，糖精基本被排出	法赫伯格推测：糖精安全，对人体无害
1968年	美国：240只老鼠喂大剂量甜蜜素和糖精混合物（比例10：1），8只出现了膀胱癌	当时实验结论：它们是潜在的致癌物（该剂量需要很大，相当于每人每天喝350斤无糖可乐
1970年	美国威斯康辛大学：大量喂食糖精的老鼠膀胱癌的发生率增加了	当时实验结论：糖精可能不安全
1972年	FDA：取消了糖精的GRAS资格，并打算禁用（反对者提出可能是糖精中的杂质引起癌变增加）	FDA将“禁用”糖精换成了“限制”糖精的使用
1977年	加拿大老鼠实验：确实是糖精而不是杂质导致了雄鼠膀胱癌的增加	加拿大禁止了糖精的使用 美国添加警告信息“使用本产品可能有害您的健康，本产品含有糖精，在动物试验中它导致了癌症的发生”

续上表

时间	事件	结论
1998年	美国《国家癌症研究所杂志》：对3种共20只猴子长期喂食糖精，连续24年，剂量是目前人体“安全剂量”的5倍，没有发现膀胱癌的发生以及其他不良变化	美国取消了含糖精食品的那条警告，允许使用糖精作为甜味剂
2014年	FDA：对37份相关数据资料进行了神经、发育、致癌方面各种有关糖精危害的研究，并考虑到糖精不含热量、不增加血糖含量、水溶性好、耐热温度高等优点，综合分析认为，在所提供数据材料的应用情况下，含有糖精的食品是安全的	美国FDA发布糖精可以作为非营养性甜味剂，用于食品（不包括肉、禽产品）

从该表可以看出，争论是非常的激烈的！但最终2014年FDA还是认为在所提供数据材料的应用情况下，含有糖精的食品是安全的，不会损害肝脏和致癌！然而我国标准仍然是禁止在玉米中添加糖精钠。而且，随着甜味剂市场的发展，阿斯巴甜、蔗糖素这些口味更优、加工性能更好的甜味剂的出现，使得糖精的市场在逐渐萎缩。

所以，尽管不良商贩添加糖精钠是不可取的，但吃了含糖精钠的玉米也不会致癌。而且检测中每千克玉米含有糖精钠的最高含量为1.115g，我们按中等大小的玉米来计算，平均重量为400～500g。按500g计算，一根煮玉米含有0.5575g糖精钠。这点量的糖精钠很快就会被人体代谢掉，不会有任何问题。FDA等试验也证明了。所以偶尔走了霉运，吃一根不良商家加了糖精钠的玉米，并不会对身体造成很大的危害，大家不用太惊慌。

谣言拓展

“糖精枣”想必大家并不陌生，《致癌“糖精枣”卷土重来 》《央视曝光：这种大枣，再甜再红都不要买，太可怕了！》《这种大枣，再甜再红都不要买！吃了致癌！》的剧情几乎每年都会上演。那么请您思考，“糖精枣”真的会致癌吗？

九 “胶水粥”，最好别喝？

谣言

很多人都喜欢在外面吃早餐，而且有一部分人早上会选择喝一碗粥。不过，近年来“‘胶水粥’最好别喝”的文章在网上流传开来。文章说，在外面喝特别浓的粥很有可能是加入了增稠剂——黄原胶，而且喝了有这种增稠剂的粥会损害肝脏，影响身体健康。

【谣言来源】

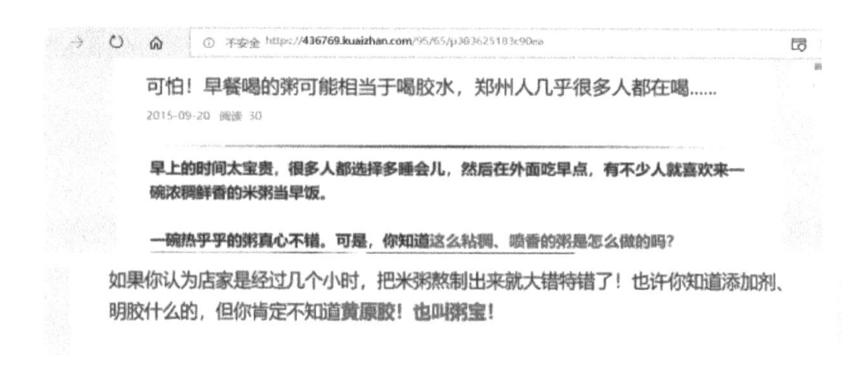

不安全 https://436769.kuaizhan.com/95/65/p383625183c90ea

可怕！早餐喝的粥可能相当于喝胶水，郑州人几乎很多人都在喝……

2015-09-20 阅读 30

早上的时间太宝贵，很多人都选择多睡会儿，然后在外面吃早点，有不少人就喜欢来一碗浓稠鲜香的米粥当早饭。

一碗热乎乎的粥真心不错。可是，你知道这么粘稠、喷香的粥是怎么做的吗？

如果你认为店家是经过几个小时，把米粥熬制出来就大错特错了！也许你知道添加剂、明胶什么的，但你肯定不知道黄原胶！也叫粥宝！

辟谣

黄原胶可以改善粥类食品的口感或使其保持较好的黏稠状态，尽管我国不允许在白粥中添加黄原胶，但它也是被广泛使用的安全食品添加剂，所以偶尔吃到“胶水粥”对人体的影响也不大。

黄原胶会损害人体健康吗？

“胶水粥”，是某些商家为了节省时间，营造粥水绵绸的口感，添加了一种叫“黄原胶”的食品添加剂做成的。听上去很可怕！不过，黄原胶却依然批准用于一些食物，这又是为什么呢？

这是因为，黄原胶是安全的食品添加剂！ 先来看看黄原胶的成分。从右图的配料表我们可看出，黄原胶的成分是水、玉米淀粉、大豆蛋白和酵母粉。而它的作用，也是用于增加稠度，改善口感，原理就像用淀粉勾芡一样，从某种程度来说算是纯天然的！所以，喝了添加黄原胶的粥也不会损害人体健康。

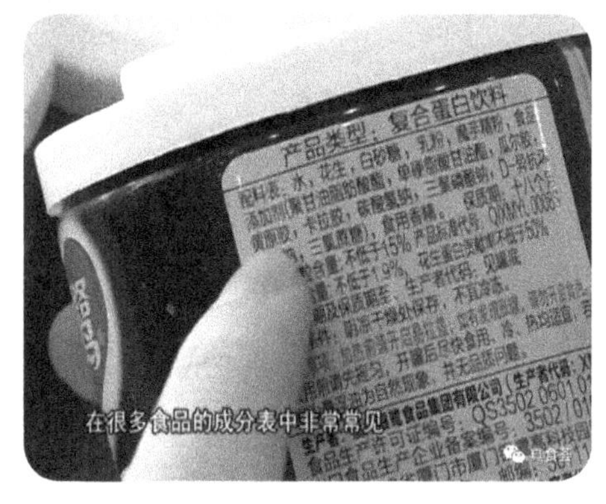

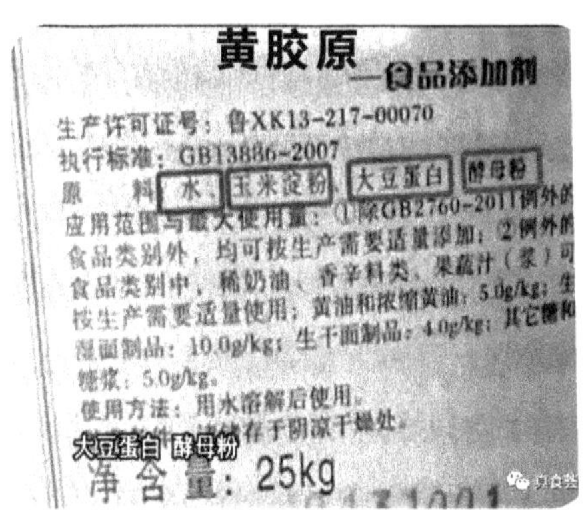

那为什么在胶水粥中，又说它是非法添加物呢？

原因就是：根据食品添加剂使用标准GB 2760中的相关规定，如果餐饮的粥是八宝粥、小米粥、玉米粥等杂粮类粥，则黄原胶允许在要求范围内使用；而若餐饮的粥是单纯的大米粥，则不允许添加黄原胶。

结论

黄原胶等增稠剂是被妖魔化了，其成分也是植物，都是可以吃的。黄原胶听起来像是胶水，觉得很恐怖，其实就是玉米淀粉，可以适当作为食物的增稠剂使用，作用就跟炒菜勾芡淀粉一样。比如加在粥里，粥不用煮那么久，卖相也很好。所以，有可能部分店家为了节省成本，添加增稠剂，少放一些米，达到使粥浓稠的效果。

【拓展阅读】实验：煮粥

为了演示黄原胶的效果，下面展示煮粥的过程：

先将少量米和水放入锅中加热，水开之后十五分钟过去了，可以看出，粥水还是很稀的（煲粥哪有这么快……）。但接下来，只要加上一丢丢的黄原胶，再煮个两三分钟，则可发现煲中的粥变得粘稠起来。

再过十几分钟，粥已经开始呈现绵绸的状态，跟几个小时细火慢煮的粥没差别了！

不过，精明的你一定能发现，这样煲出来的粥，米粒根本没煮烂。

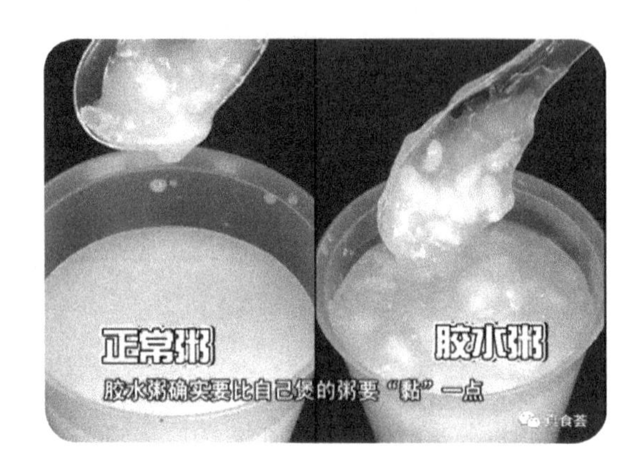

上图左边是煲了几小时的粥，粥米完全化开了；而右边是添加了黄原胶的“胶水粥”，粥米依然粒粒分明。

因此，要识别粥里是否加了增稠剂，方法很简单：看米粒。熬了几小时的粥，粥米是完全化开的，而“胶水粥”的粥米依旧颗粒分明。

十 打蜡苹果会致癌?

谣言

打蜡是苹果保鲜最常用而有效的方法，然而有网友曾在微博上发文称自己“买了5个苹果刮出半斤蜡”，引起众人围观和恐慌，更有人称：千万不要买打蜡苹果，会致癌！

【谣言来源】

辟谣

水果打蜡是国家允许的水果保鲜方法，是水果商品化的一个重要环节。如果苹果打的蜡是可食用蜡，在正常情况下吃了对人体是无害的。

苹果为何要打蜡?

在超市里，总是能够见到外表靓丽、价格不低的一些进口水果，它的外表有一种黏黏的感觉，即使用清水泡了再洗也会粘手，这就是常说的打蜡水果。水果表皮的蜡包括水果本身的果蜡和采摘之后人工涂覆的蜡，采摘后人工添加蜡的环节就是我们所说的打蜡。其实打蜡是水果采后商品化的一个环节，是国际和国内允许使用的果品保鲜方法。打蜡通常把蜡涂覆于柑橘、苹果等果实表面，形成薄膜，来抑制果实呼吸，防止内部水分蒸发，抑制微生物入侵，并且能够改善水果外观，提高水果的商品价值，延长水果的贮藏期和货架期。特别是进口水果，运输时间比较长，打蜡不仅让水果的卖相更好，而且可以保鲜，一般在产地包装时就打上了蜡。

吃打蜡苹果会致癌吗?

这个问题要看在水果上打的是什么蜡。如果是食用级别的果蜡当然可以放心食用，但如果是工业石蜡，那危害可就大了。可食用蜡一般是天然来源的蜡，来自于动物或者植物，比如虫胶或者一些植物的胶（棕榈蜡），这些东西是天然的且无毒无害的，不会致癌。而且打蜡的时候，只喷涂薄薄的一层，吃前洗洗擦擦，也能去掉不少，所以“买了5个苹果刮出半斤蜡”纯粹夸张说法。

但很遗憾的是，也有一些奸商，为了省一点点钱，使用工业石蜡。工业石蜡往往含有汞、铅、砷等成分，这些成分摄入过多会对人的记忆力和免疫功能造成损害，还可能导致贫血等。

【拓展阅读】如何区分食品级别的果蜡和工业石蜡？

很遗憾地告诉大家，对于消费者来说，目前还没有特别好的办法区别这两种蜡。有些网上经验建议：一般来讲，涂抹食用蜡的水果，其果皮表面的膜会比较薄、比较亮。工业蜡涂抹，多半是不法人员手工操作，涂层相对会厚点。另外，工业蜡是有颜色的，用纸巾使劲擦，纸巾会被染色。如果是颜色特别鲜艳，仅用手擦就会掉色的水果，最好不要购买。

工业石蜡

但是，以上方法并不能很好区分，因为工业石蜡往往也是无色的。

所以，这里给大家一点建议：买了打蜡水果，别去纠结到底是什么蜡，首先要用清水反复搓洗，一般情况下搓洗能够洗掉大部分的蜡，也可以用果蔬洗涤剂彻底清洗。然后，用纸擦干，再削掉一层厚厚的皮即可。

结论

给水果打蜡是被国家允许的保鲜方法，特别是一些进口水果需要长途运输，打蜡可以抑制细菌生长，让水果保存更长的时间。如果苹果打蜡打的是可食用蜡，在正常情况下吃了对人体是无害的。

小结

阅读完本部分，大家是否觉得食品添加剂“很受伤”？食品添加剂本身并无过错，凡是国标允许使用的食品添加剂都经过安全性评价，规范使用不会给消费者的健康带来损害，反而可以使我们的购物车更丰富，也使我们的食品更安全。通过阅读本部分大家可以发现，凡涉食品添加剂的谣言，一方面全都避而不谈食用量的问题，用“大量”“少量”等模糊的字眼替代准确的数字，另一方面则是忽略商家违法行为，而把过错归咎于食品添加剂上。另外，消费者喜欢根据已有的知识定义自己未知事物，如看到含有左旋肉碱的食品就以为该食品具有减肥作用。

总而言之，食品添加剂本身并无过错，没有食品添加剂，就没有现代食品工业，我们将少了许多美食。在日常生活中，建议大家在正规商家购买食品，这样就不必担心含食品添加剂的食品会危害自己了。

结　语

认清谣言真面目

阅读完以上六部分，我们发现谣言存在于我们生活的方方面面，相信各位读者会对不同性质的谣言有了更加深刻的认识。

谣言类似于英文阅读中的错误选项，有自己的惯有“套路”。有些谣言“凭空杜撰”，这种套路下的谣言纯属“无中生有”，是完全没有根据而捏造出来的，譬如有人认为土豆和香蕉同食会生雀斑、柠檬加红茶会致癌以及散发诱人香味的面包是因为添加了香辛料等。有些谣言“夸大其词”，这种套路的谣言最重要的特征是“脱离了剂量谈毒性”。食品中确实含有一些危害成分，但是这些成分在食品中的含量非常少，并不足以达到危害人体健康的地步，但是造谣者将这种危害夸大，引起消费者恐慌，这种谣言会对相关企业和商家带来很大的冲击。有些谣言“剪切拼凑”，该套路下的谣言往往采用“移花接木”的造谣手法，食品和其他一些物质因为形状、质地或者性质相似，就把食品笼统地看作是一些其他不可食用物质做的，譬如棉花肉松、塑料大米、塑料紫菜等。有些谣言“以偏概全”，譬如猪油不能吃、吃巧克力能减肥、北方人的胖是因为面条吃得多等。除此之外，还有些“记忆偏差”型的谣言，典型谣言有：发白的巧克力是变质了，泛着“彩虹绿”色泽的牛肉是变质牛肉等。

读者掌握谣言的五个套路后，在今后的生活中就能很好地避开谣言的“坑”。除了谣言的五种套路外，还可以从谣言的表现形式来“认清谣言真面目”。

形式一：有些谣言往往钻了人们怕生病的空子，将食品和危害人们身体健康联系在一起，引起读者注意。本书第一部分、第二部分以及第六部分所涉及的就是这种类型的谣言，它们往往以“致癌”“危害身体健康”“损害健康”等字眼出现，但大多都是无中生有、夸大其词的谣言。

形式二：刻意编造出具有“暗示性”的标题，如塑料紫菜、棉花肉松等谣言，从标题中暗示消费者该食品是“假”的，引导大众一步步掉入谣言的“坑”中。

形式三：以“好先生”的形象制造谣言，比如“揭秘伪养生食品”和“食物并不是药”这两部分中所涉及的食品大多具有保健、养生甚至治病功效，实际上同形式一一样，属于无中生有、夸大其词等套路的谣言。

掌握了谣言的“套路”，也认清了谣言的“类型”，那么我们在今后的生活中遇到一些事件该怎么判断是否为谣言呢？别着急，各位读者可从以下几方面来判断。第一步：看事件来源。一般来源于重大机构的事件相对来说具有高的可信度。第二步：看文章的感情倾向。一般有较强情感态度的词，需要注意可能是谣言。第三步：看信息渠道的多样性。一个事件如果被各大媒体争相报道，可信度较高。

无论是谣言的套路、形式，还是识别谣言的“三步曲”，都是为了加深读者的理解，使读者更好地“认清谣言真面目”。“谣言止于智者”，希望本书能给各位读者一定帮助，在今后的生活中能识别食品“谣言”，成为终止谣言的“智者”。

致 谢

下面所列是参与本书编写的幕后作者（排名按照文章出现的先后次序），在这里对这些作者表示感谢。正是由于他们难能可贵的求真精神，写出一篇又一篇优秀的文章，引导了广大消费者树立正确的食品安全观念，有效地遏制了谣言的传播。本书得到广州市科技计划项目资助（项目编号：201806020139），在此同样表示感谢。

陈浩霖	冼嘉铭	梁文欧	曹　潇	黎凤英
李　献	张竟丰	廖钰樱	梁湲宁	张　森
郑涵青	冼淑君	林敏燕	韩婉珊	张敏婕
崔华玲	刘梓韬	沈少丹	胡　津	陈丽敏
许围莹	王宇晖	毛小青	李佩霖	傅艳椿